U0330462

HAIYANG ZHONGGUO

海洋中国

吴松营 著

广东省人民政府文史研究馆 编

中山大学出版社
SUN YAT-SEN UNIVERSITY PRESS

·广州·

图书在版编目（CIP）数据

海洋中国/吴松营著；广东省人民政府文史研究馆编 . —广州：中山大学出版社，2023.5

ISBN 978 - 7 - 306 - 07754 - 7

Ⅰ. ①海… Ⅱ. ①吴… ②广… Ⅲ. ①海洋战略—研究—中国 Ⅳ. ①P74

中国国家版本馆 CIP 数据核字（2023）第 057860 号

HAIYANG ZHONGGUO

出 版 人：王天琪
策划编辑：吕肖剑
责任编辑：周明恩
封面设计：曾 斌
责任校对：林 峥
责任技编：靳晓虹
出版发行：中山大学出版社
电 话：编辑部 020 - 84111996，84113349，84111997，84110779
　　　　　发行部 020 - 84111998，84111981，84111160
地 址：广州市新港西路 135 号
邮 编：510275 传 真：020 - 84036565
网 址：http://www. zsup. com. cn E-mail：zdcbs@ mail. sysu. edu. cn
印 刷 者：恒美印务（广州）有限公司
规 格：787mm×960mm 1/16 11 印张 200 千字
版次印次：2023 年 5 月第 1 版 2023 年 5 月第 1 次印刷
定 价：48.00 元

作者简介

吴松营，男，1943 年11 月出生，广东汕头澄海隆都人，毕业于广东海洋大学，中共党员，高级编辑，曾任深圳市委宣传部副部长，深圳报业集团党组书记、社长，香港商报社社长。被评为深圳市优秀共产党员、共和国改革开放先锋人物，荣获广东省和全国"五一劳动奖章"、广东省新闻终身荣誉奖，是享受国务院特殊津贴专家。现为广东省人民政府文史研究馆馆员。

引　言

中国是大陆大国，又是海洋大国。然而，很多国人却往往只记得大陆大国、迷上大陆大国，而忽视其作为海洋大国的存在、地位、作用和前途。因此，必须矫枉而正名曰"海洋中国"。

当今世界，真正的强国必然是海洋强国。要实现中华民族伟大复兴的中国梦，首先就必须实现海洋强国梦。浩瀚广阔的海洋上，郑和张扬的"明"字号大绣旗、清朝刘永福高擎的黑旗、新中国迎风飘扬的五星红旗，铭刻着海洋中国的不灭历史，见证了多少狂风恶浪和险滩暗礁，又创下了多少荣耀和辉煌！

而今，南海零丁洋彼岸的深圳经济特区要成为社会主义现代化的先行区、示范区，粤港澳大湾区的大发展乘势奋发，镶嵌在太平洋南海上的宝岛海南岛要建设成为中国最开放的现代化自由贸易港。

而今，渤海湾、长江口流域的发展也正热火朝天。

而今，中国必须还原"大陆大国"和"海洋大国"叠加、交融的厚重本色，再展海洋强国的雄风，登上世界强国的高峰。

满天角声震神州，五湖四海齐呐喊。经济、军事、科技互动共进、交相辉映，三通战鼓已经擂响。

这是中华海洋经济复苏、海洋大国复强、中华民族实现伟大复兴的冲锋号。雄师排山倒海，势不可当！

目　录

第一章 教训 觉悟 奋起

俗话说："三山六水一分田。"实际上，地球表面70%以上是海洋，如果加上江河湖泊，陆地上的"三山""一分田"根本就保不住这个比例。

五大洲就像漂浮在无边无际海洋上的方舟，生活在这些陆地上的人类与浩瀚的海洋比较起来，显得多么的渺小。

海洋，有大量的人类需要的资源。海洋，有无穷的能量和力量。难怪两千多年前古罗马政治家西塞罗就说："谁能控制海洋，谁就能控制世界。"

两千多年来，人类对于海洋与自己生死攸关的认识越来越深刻、迫切。离开海洋，人类就不能生存与发展，甚至会死亡、灭绝。

华夏子孙是地球上最早认识海洋、驾驭海洋的民族之一。中华文明延续5000多年，但是，直到近代100多年来，中华儿女对世界海洋文明历史才有了新的觉悟。新中国在中国共产党领导下，这70多年来对于海洋与国家命运的关系有了越来越深刻的认识。党的十八大之后，全党同志和全国人民对建设海洋强国的要求越来越迫切，决心建设21世纪的中国海洋强国。

一、只有海洋强国，才是世界强国

这是历史的深刻教训，也是实践经验的高度总结。

历观古今之世界，绝大多数的强国都临近大海，能够积极利用海洋资源，借用海洋的力量发展壮大，并且影响别的民族、别的国家。它们首先是海洋强国，然后才成为世界强国。

葡萄牙、西班牙、荷兰、法国、英国等欧洲国家，从人口、国土面积和自然资源方面来看，在世界上都是比较小的国家。但是，在历史上，它

们都曾经是海洋强国而后成为世界强国。究其原因并不复杂。

近500年来，欧洲的这些临海小国通过先进的造船和航海技术，建立强大的海军和庞大的贸易船队，控制大洋的交通战略要道，扩展贸易网络，夺取别的国家和民族的丰富资源，获取巨大的商业利益，从而一跃成为某一时期的海洋强国和世界强国。

15世纪初，葡萄牙人就把目光投向浩瀚的大海，开始建造高大而且航速快的航海船只，并拥有先进的远海航行技术。尔后，葡萄牙人就凭借自己的海上优势不断扩张贸易网络，向东扩展到了非洲和远东地区，向西跨过大西洋，扩展到南美洲的巴西。葡萄牙这个广大的贸易网络在其强大海军的支持下维持了近百年的时间。葡萄牙所霸占的殖民地面积竟然是自己国土的100多倍。到今天，还有人不相信一个小小的葡萄牙是世界最早，也是存在时间最长的欧洲海洋帝国和世界强国。但这却是历史事实。

15世纪中后期至16世纪初，西班牙王国是继葡萄牙之后欧洲最强大的海洋国家。西班牙人在战争中使用强大的海军把阿拉伯势力驱逐出伊比利亚半岛，赶出地中海地区。1492年起，西班牙派出一批又一批探险舰队从大西洋远航至印度洋、太平洋，先后发现了美洲大陆和菲律宾群岛，陆续建立自己的殖民地。西班牙王国曾经不可一世，其野心勃勃，不仅想统治地中海，还幻想用强大的舰队统治大西洋和太平洋。在长达300年的时间里，西班牙海军不断与葡萄牙、荷兰、英国、法国的舰队进行争斗，取得很多战绩，成为当之无愧的海洋强国。西班牙从殖民活动和海外贸易中获得了大量财富，很快成为世界历史上首个超级大国。

现今的西班牙王国，国土面积约50.59万平方公里，人口数量约4700万人，在世界上绝对算不上大国。但是，西班牙曾经的海洋强国和世界强国经历所产生的语言和文化上巨大、长久的影响至今仍然不能抹杀。今天，西班牙语是世界上被广泛使用的语言之一。按照第一语言使用者数量计算，全世界约有4.83亿人把西班牙语作为母语，占世界人口的4.84%。西班牙语成为仅次于汉语的世界第二大语言。如果把第一语言和第二语言使用者总计，则世界上使用西班牙语者将接近5.7亿人，其中超过20个国家以西班牙语为官方语言，如阿根廷、玻利维亚、智利、哥伦比亚、哥斯达黎加、古巴、多米尼加共和国、厄瓜多尔、萨尔瓦多、赤道几内亚、危地马拉、洪都拉斯、墨西哥、尼加拉瓜、巴拿马、巴拉圭、秘鲁、西班牙、乌拉圭和委内瑞拉等。另外在安道尔共和国、伯利兹、加拿大、直布罗陀、以色列、摩洛哥、荷兰、菲律宾、波多黎各、美国、特立尼达和多巴哥以及西撒哈拉，西班牙语也被广泛使用。西班牙语是联合国六大官方语言之一。

西班牙——曾经的海洋大国和世界强国，500年后的今天仍然是世界的语言和文化大国！

16世纪和17世纪初期，荷兰的资产阶级通过民族革命战争摆脱了西班牙的统治，取得了国家独立，并不断扩充本国的海上力量，发展出更先进的海军技术和作战方式，成为世界上的海洋大国和经济强国。荷兰经常与英国结盟，并联合打败了西班牙舰队。荷兰建立了遍布全球的殖民贸易网络和贸易站点，从葡萄牙和西班牙手中夺取了位于非洲、印度洋和东亚的贸易市场，抢占了印度洋的商业利益。荷兰甚至还占领了中国的宝岛——台湾，并且对其统治了将近40年时间。

英国皇家海军到15世纪已经成为一支强大的海上力量。在接下来的几百年时间，英国发展了世界上最大规模的海军，其舰队最早掌握了铁甲军舰和远征两栖登陆舰的技术。1588年，英国海军在与西班牙"无敌舰队"的海上决战中，取得了决定性胜利。之后，英国在与其他对手的争斗中又屡屡获胜，最终成了海洋霸主。

18世纪，英国能够成为欧洲乃至世界工业革命的领头羊，其强大的海上力量发挥了关键作用。"英国也受惠于其大西洋沿岸的地理优势以及强大海军，并于18世纪时成为世界商业强权，从而远远超越亚洲沿岸地区经济。许多商人借由棉花、烟草、蔗糖、奴隶等商品获得暴利，再将资本投资至工业化企业。"[①] 这就为蒸汽机、纺纱机、衣布编织机等先进工业技术的发明和机器制造提供了强有力的人才、资金、技术支持。

工业革命给英国带来了前所未有的经济增长，也使英国的海军和远征力量更具优势，从而成就了英国的"日不落"殖民帝国。资本主义贪得无

---

① ［英］伊恩·克罗夫顿、［英］杰瑞米·布雷克：《简明大历史》，丁超译，城邦（香港）出版集团有限公司2018年版，第192页。

厌的本性，使其国家为获取巨额利润而不惜跨越重洋发动各种战争，包括对中国发动臭名昭著的两次鸦片战争，不但从中国掠夺了大量财富，还侵占中国的香港近一个半世纪之久。大英帝国掠夺了其他国家大量的财富并将其转化为他们继续对外抢掠的资本。正如马克思所说："资本来到世间，从头到脚，每个毛孔都滴着血和肮脏的东西。"①

在 17 世纪，法国的海上力量迅速发展壮大，并凭借强大的海军在全球与英国和荷兰的舰队作战，在非洲、亚洲和美洲展开殖民活动，掠夺大量资源和财富，成立了在世界称雄的法兰西帝国。直到 19 世纪和 20 世纪，法国都是全球的海洋强国。今天，法国仍然拥有一支相当规模的强大的蓝水海军，能够进行全球部署，保持法国海军在北约各国海军中第二强的地位，并维持其在欧洲乃至世界海洋经济强国的地位。

美国于 20 世纪之后才逐步从一个从海洋大国成为海洋强国、世界强国。位于北美洲的美国是 240 多年前摆脱英国的殖民统治并宣布独立的国家。18 世纪末诞生的美国还只是一个区域性大国，远不是世界强国。但它是海洋大国，拥有西临太平洋、东拥大西洋的优越地理条件，而且受到英国等欧洲国家的海盗式海洋文化的影响，其积极经略海洋，不断发展和增强海军力量，打造庞大的贸易船队，以获取更大的商业资本和政治利益。

19 世纪，美国出现了一位海军战略思想家阿尔弗雷德·赛耶·马汉（Alfred Thayer Mahan）。他在 1890—1905 年期间相继完成了被后人称为马汉"海权论"三部曲的代表性著作《海权对历史的影响》《海权对法国革命和帝国的影响》《海权的影响与 1812 年战争的关系》。马汉的海权战略理论核心是"国家利益至上"。马汉认为，谁控制了海洋，谁就控制了世界贸易，而谁控制了世界贸易，谁就控制了地球财富和地球本身。"历史已经证明，任何勃勃雄心都不可避免地包含有侵略性的因素，只有以强力应之才能不使其超出限度之外，才能使平衡得到保障……自南北战争以来，美国不自觉地又不可避免地日益和欧洲融为一体，因而欧洲的事情也应成为美国人所关注。""美国必须使自身的行为符合新的形势，并在新的

---

① 马克思：《资本论》（节选本），中共中央党校出版社 1983 年版，第 210 页。

形势之下安排自己的任务。""在美国疆界之外地区的命运之中寄托着对美国极为重要的政治利益。它的显著特点则是：海军，只有海军才能为它提供保障。"①

马汉担任过美国前总统西奥多·罗斯福的军事顾问。另一位美国前总统富兰克林·罗斯福则评价马汉是"美国历史上最伟大、最有影响的人物之一"。可以说，海权论产生于美国，也首先在美国取得实际效应。美国正是根据马汉的海权战略思想，不遗余力地、最大限度地拓展了海权的内涵和外延，大力扩展海上军事力量，包括拥有强大的舰队，建设附属基地、港口等各种设施，同时扩展美国国家对外贸易中心和与海洋相关的附属机构，增强发展海洋经济的能力。为了"国家利益至上"，美国自 20 世纪之后倾全国之力，快速发展自己的海军，争夺海权，控制海权，从而由海洋大国变成海洋强国，再变成世界强国和霸权主义者。现今，美国的航母战斗群遍布全球各个大洋，控制了地球上的主要海上通道，占据了太平洋、大西洋、印度洋中具有重要战略位置的众多岛屿。前几年，美国特朗普政府为了实现"美国再次伟大"而不择手段、千方百计地对全球海权进行控制，巩固其世界霸主的地位，对全世界其他国家和民族的资源财富进行野蛮掠夺。

应该说，广袤的海洋成就了众多西方国家的强国梦，也是这些强国在全球横行霸道、掠夺资源、开展争夺与博弈的载体和舞台。

21 世纪，世界上任何国家和民族都不可能不重视海洋，不可能离开海洋这个全球最大、最重要的经济、政治和军事舞台。现今世界，不能成为海洋强国，就根本谈不上挤进全球强国的前列。

二、中国，也曾经是世界海洋强国

华夏民族是地球上最早认识海洋、驾驭海洋的民族之一。在生活于 1.8 万年前的北京山顶洞人的遗址中，就发现有由海贝制作的装饰品；中

---

① ［美］阿尔弗雷德·塞耶·马汉：《大国海权》，熊显华编译，江西人民出版社 2011 年版，第 98、115、290 页。

国古代经典《诗经》中多次出现"海"字，并有"朝宗于海"的认知；华夏民族的祖先很早就懂得"行舟之便，兴鱼盐之利"的道理。

"在山东省胶县发现的新石器时代大汶口文化遗址中，有大量海鱼骨骼和成堆鱼鳞，经鉴定，它们分隶于鳓鱼、梭鱼、黑鲷和蓝点马鲛等3目4科，说明在4000—5000年以前，中国沿海先民已能猎取在大洋和近海之间洄游的中、上层鱼类，人们对海洋鱼类习性的认识已有一定水平。""中国很早就以风为动力，用帆助航。东汉时，利用季风航海已有文字记载，把每年梅雨后出现的东南季风称为'舶趠风'。唐、宋以后利用季风航海十分广泛。明代郑和七次出海，多在冬、春季节利用东北季风启航，又多在夏、秋季节利用西南季风返航，说明他们已较充分地认识和利用了亚洲南部、北印度洋上风向和海流季节性变化的规律。"①

"秦汉之际，古人在继续开发利用沿海海域之外，已尝试起航远渡，开辟了从太平洋进入印度洋的航线，初步探索适宜航海的造船术、航海术。闻名于世的海上丝绸之路在湛江徐闻留下了历史性的航迹。唐宋时期，中国的造船技术已经领先世界，围绕航海所需要的海洋研究如潮汐研究已达到较高水平，航海范围已经涉及东亚、中亚的广阔海域。围绕航海、海上贸易形成了番禺、潮州、福州、明州（宁波）、泉州等重要海港城市，并开始在海港城市开展涉及海洋的市舶管理。宋元时期，中国的远洋巨舶纵横驰骋于万顷碧波之上，扬帆万里于东西洋各国之间。航海技术已十分发达，将指南针成功地运用于航海，对潮汐、天象定位、洋流、风力等都有比较成熟的使用。""概而述之，中国有7000余年不间断的航海史，对古代东南亚和东亚国家产生巨大的影响，是唐宋至明中叶的世界海洋强国。"②

"唐宋时期的地位上升及财富转移，对东非、印度、东南亚以及日本等地区海洋贸易的发展产生了重大影响。由此产生的相互依存关系带来了许多正面效应，并推动了宗教与技术的传播。""总而言之，这是一个海洋贸易主政整合的时期。其中，中国在唐宋时期的统一及海洋意识的觉悟成

① 尤芳湖：《论海》，海洋出版社2000年版，第248－249页。

② 刘勤、周静：《以海为生：社会学的探析》，海洋出版社2015年版，第146页。

为一股重要力量。"①

　　指南针是中国古代四大发明之一，且对航海事业的发展起到革命性作用。"1124 年，宋代徐兢在《宣和奉使高丽图经》中对指南针在航海中的作用做了这样的描述：'是夜，洋中不可住，惟视星斗前迈，若晦冥，则用指南浮针，以揆南北。'这部著作于 30 年后得以印刷出版。到 14 世纪，中国人已绘制出了'针路图'，用于展示指南针所指的航线和距离。《宣和奉使高丽图经》共 40 卷，还记载了宋朝船舶制造工艺。"②

　　"13 世纪时赵汝适的《诸蕃志》一书证实，泉州与印度马拉巴尔海岸和古吉拉特之间有着直接的贸易关系。""宋代赵汝适的《诸蕃志》约成书于 1225 年……作为泉州市舶司的长官，赵汝适有机会获得早期的地理文献和朝廷正史，对地理和经济知识进行了系统的采集和整理。该书分上、下两卷，记载了东自日本，西至东非索马里、北非摩洛哥及地中海东岸诸国的风土物产及自中国沿海至海外各国的航线里程及所达航期。根据赵汝适记载，当时的泉州是世界上最繁忙的港口。他是第一个著书描述非洲、西南亚和地中海地区情况的中国人。"③

　　以上海内外专家、学者所述足以说明，中华民族与海洋文明的交融，源远流长。事实上，从汉、唐、宋，一直到 15 世纪初的明代，中国仍然是世界海洋强国，也是世界强国。

　　始于明永乐三年（1405）的郑和下西洋壮举，延续至宣德八年（1433）。28 年间，郑和 7 次奉旨率领庞大、威武的飘扬着"明"字号锦绣大旗的舰队远航，从西太平洋穿越印度洋，到达爪哇、苏门答腊、苏禄、彭亨、真腊、古里、暹罗、阿丹、天方、左法尔、忽鲁谟斯、木骨都束等 30 多个国家或地区，最后到达西亚和非洲东岸，开辟了贯通太平洋西部与印度洋的航线。

---

　　①　［美］林肯·佩恩：《海洋与文明》，陈建军、罗燚英译，天津人民出版社 2017 年版，第 297 页。

　　②　［美］林肯·佩恩：《海洋与文明》，陈建军、罗燚英译，天津人民出版社 2017 年版，第 358 页。

　　③　［美］林肯·佩恩：《海洋与文明》，陈建军、罗燚英译，天津人民出版社 2017 年版，第 355、364 页。

有学者评价道："郑和的远航对区域经济、政治联盟甚至宗教发展都产生了巨大影响，在一定程度上刺激了区域商业的扩张，使印度洋吸引了欧洲商人关注的目光。"①

郑和下西洋是中国，也是世界古代史上规模最大、船只和海员最多、时间最长的海洋航行。郑和船队的历史性航行比哥伦布发现美洲大陆早87年，比达·伽马从欧洲远航至印度早93年，比麦哲伦环球航行早114年。而且，郑和下西洋共进行了7次，哥伦布的航海活动仅进行了4次，达·伽马只有2次；郑和下西洋的历程持续28年，哥伦布仅13年，达·伽马只有6年；郑和下西洋的船只数多达208艘，哥伦布最多17艘，达·伽马为4艘；郑和宝船最大吨位约2500吨，哥伦布船约233吨，达·伽马船约400吨。

当时，中国在航海技术、船队规模，以及航海活动航程、持续时间、涉及领域方面，均领先于同一时期的西方诸国，开启了全球大航海时代，创造了世界航海史上的奇迹。这些奇迹已经被世界各国史书的记载和近代的考古发现所证实。

史书还记载，郑和船队中的宝船大者长44丈4尺、阔18丈；中者长37丈，阔15丈。也就是说，大船长137.72米、宽56.34米，这几乎就像一个置于海上的足球场。然而，一些外国学者曾经质疑说，中国明朝以木质结构造船，绝对不可能造出这么大的船舶，而且依靠人力也不可能操纵这么大的船舶，更不可能长期在海上航行。他们认为1416年英国建造的1400多吨排水量的卡拉克帆船（Carrack）才是当时世界上最大的船。

2010年6月，南京市考古人员在祖堂山发现了一座明代砖室墓。据出土的墓志铭记载，墓主人为明代都知监太监洪保，他曾以副使身份跟随郑和七下西洋。他与郑和年龄相仿，两人在早年同时被送到了宫中做太监，又分别作为正、副使出使西洋，可以说洪保全程参与了郑和船队所有的下西洋活动。虽然因为年代太久远，又被多次盗挖，墓中的尸骨早就不复存在，但可喜的是，专家在一块碑文上发现了墓志铭，其中一行记载墓主人

---

① ［美］林肯·佩恩：《海洋与文明》，陈建军、罗燚英译，天津人民出版社2017年版，第376页。

生平的文字写道："充副使，统领军士，乘大福等号五千料巨舶。""料"是古代的船舶吨位计量单位，一石粮食或者两端截面方1尺、长7尺的木材为一料。5000料，至少是2500吨。洪保墓志铭的记载，印证了郑和宝船的长宽数据是可靠的。难怪考古专家发现这段文字后，激动地说："这下那些质疑的外国人可以闭嘴了。"而洪保墓也被列为海上丝绸之路的历史遗产。

根据《郑和航海图》，在天文航海技术方面，中国很早就可以通过观测日月星辰测定方位和船舶航行的位置。尤其是郑和船队已经把航海天文定位与导航罗盘的应用结合起来，提高了测定船位和航向的精确度，人们称之为"牵星术"。航海家运用"牵星板"观测定位，通过测定日月星辰等天体的高度，来判断船舶位置、方向。这代表了那个时代天文导航的世界先进水平。

郑和船队使用的航海图，连鼎鼎大名的英国李约瑟博士在《中国科学技术史》上也不得不肯定其精确性。该书更对中国航海技术和能力做出了高度评价。

在地文航海技术方面，郑和船队以海洋科学知识和航海图为依据，运用了航海罗盘、计程仪、测深仪等航海仪器，按照海图、针路簿记载来保证船舶的航行路线。同时，郑和船队对船上淡水储存，船的稳定性、抗沉性等问题都能够合理解决。他们白天以约定的方式悬挂和挥舞各色旗带，组成相应旗语；夜晚以灯笼反映航行时的情况；遇到能见度差的雾天雨天，则配有铜锣、喇叭和螺号加强通信联系。所以，郑和的船队能够在"洪涛接天，巨浪如山"的险恶条件下，"云帆高张，昼夜星驰"，很少发生意外事故。

美国著名的海洋史学者林肯·佩恩在他的《海洋与文明》一书中对"郑和与中国航海事业的全盛时期"做了大量详细的描写，如："中国使节觐见苏丹马利克·纳赛尔，他们没有吻苏丹面前的土地……苏丹对使节说：'欢迎，你们能来，真是太好了。'接着，苏丹给中国皇帝写了一封信，'我十分尊重您的命令。我的国家就是您的国家。'苏丹并把大量野兽和华美的长袍送给使节，同时命人将其护送到亚丁城。""郑和下西洋具有商业及和平的性质，尤其是与一个世纪之后葡萄牙人受意识形态驱使而做

出的强制性行为相比。"①

即使是后来推翻明朝统治、取而代之的清朝，也不得不对明朝的航海壮举和功绩给予高度评价。清朝大臣张廷玉主持修纂的《明史》云："自和后，凡将命海表者，莫不盛称和以夸外番，故俗传三保太监下西洋，为明初盛事云。"

到了近代，民主革命先行者孙中山赞叹说："郑和竟能于十四个月之中而造成六十四艘之大舶，载运二万八千人巡游南洋，示威海外，为中国超前轶后之奇举。"② 至今东南亚仍有很多人怀念当年郑和之雄风壮举。

明朝时的中国是世界海洋强国，也是继汉、唐之后最强盛的中国。历史上出现的以中国为中心的"朝贡体系"，在明朝中叶表现最为突出。华夏周围向明朝称臣进贡的国家竟然达40多个。那时候，欧洲的葡萄牙人、西班牙人虽然十分喜欢中国的瓷器、丝织品、药材、茶叶，却绝对不敢强抢，而是老老实实地拿白银等贵金属或者玻璃等昂贵的工艺制品来交换。海外白银的流入，扩大了白银在中国的流通范围，增加了明帝国的财富，促进了明代商品经济以及农业、手工业的发展，使中国整体国力蒸蒸日上，雄居世界之首。

三、从海洋退缩，中国走向衰落

15世纪是人类发展历史的一个重要时期，其最重要的特征就是大航海时代的开启。"大航海时代，人类活动的主舞台从大陆转向海洋。这是人类文明发展取向的创造性突破，改变了各区域文明的联系，标志着人类社会走向近现代的最早起步。"③ 事实上，欧洲因大航海时代的开启而从亚洲、非洲和美洲获取了大量资源和财富，为以后的工业革命和现代文明发展奠定了厚实的物质基础。

---

① ［美］林肯·佩恩：《海洋与文明》，陈建军、罗燚英译，天津人民出版社2017年版，第374页。

② 孙中山：《建国方略》，辽宁人民出版社1994年版，第39页。

③ 刘勤、周静：《以海为生：社会学的探析》，海洋出版社2015年版，第146页。

（一）明朝开启了大航海时代，却戛然而止

世界历史记载无不公认，人类大航海时代开启的标志是中国明朝郑和于 15 世纪初期 7 次下西洋。郑和船队规模庞大、人数众多、航程长远，创造了人类大航海奇迹，展现了中华文化、政治的强大影响力。

很可惜，由于中国自古以农为本，人民依靠神州大地的山河川泽谋生，绝大多数老百姓思想观念深处很少有对海洋的期望和追求。更由于封建统治者故步自封，对广阔浩瀚的海洋缺乏敏锐的视角和战略眼光。种种原因使明朝皇家派遣的郑和庞大舰队 7 次下西洋的事迹，没有在中国的民间广泛传播，更没有在中华大地掀起航海贸易或探险的热潮。明朝政府更没能与时俱进，把以宣示政治权威、扩大文化影响为主要目的的大航海活动转化为开拓海外经济贸易渠道和市场的手段。"明朝的贸易更确切地说是一种朝贡贸易，而非西方推行武力军事做先锋，为商人开路的政策。这样看来，明朝朝贡制度下进行的贸易只是一种'怀柔远人'的工具，而不是为了增加国家财富——虽然客观上也在一定时期促进了经济增长和国库充盈。"①

更甚者，明朝不但未能继续引领世界的新的大航海潮流，反而自己主动从海洋退缩。宣德八年（1433）四月，郑和于最后一次下西洋期间在印度西海岸古里去世，赐葬南京牛首山。自此之后，郑和下西洋的庞大船队在中国的各个港口自然荒废，航海人才和骨干队伍散落各地另谋生路。东方的郑和之后，再无第二个"郑和"。东方盛极一时的中华大航海活动戛然而止。

明朝的统治者还继承其祖先苛刻的"禁海"政策，用严厉的措施限制人民出海经商、运输、捕捞，使中国在发生世界大变局的 15—16 世纪关键时期朝着历史潮流逆行，陷入历史潮流的旋涡，以致中华民族在此后数百年逐步落后于西方国家。

---

① 熊显华：《海权简史——海权枢纽与大国兴衰》，台海出版社 2018 年版，第 156 页。

（二）欧洲人将大航海时代推向高潮

马可·波罗（Marco Polo，1254—1324），是世界著名旅行家和商人。他在中国游历了17年，曾访问当时中国的许多名城，到过中国西南部的云南和东南地区。回到威尼斯之后，马可·波罗在一次威尼斯和热那亚的海战中被俘，在监狱里，他口述了大量有关中国和其他东方国家的故事，经其狱友鲁斯蒂谦帮助整理，著名的《马可·波罗游记》便正式问世。

《马可·波罗游记》以100多章的篇幅，记录了中亚、西亚、东南亚等地区的许多国家的情况，而其重点部分则是关于中国的叙述。马可·波罗以大量的篇章、热情洋溢的语言，盛赞中国的繁盛昌明，尤其是发达的工商业、繁华热闹的市集、华美廉价的丝绸锦缎、宏伟壮观的都城、完善方便的驿道交通、普遍流通的纸币等。

13世纪之前，欧洲人对神秘的东方世界的认知一直停留在道听途说的层面上。14世纪中后期，《马可·波罗游记》在欧洲开始广泛传阅、流行。虽然《马可·波罗游记》之中不乏夸大甚至神话般的描述，却让欧洲人对东方的神奇从半信半疑到深信不疑，并很快把对东方的向往和狂热追求付诸实际行动。无数欧洲人读着《马可·波罗游记》，两眼发光地眺望地球的东方，幻想着有朝一日也能成为那一片富贵繁荣之地的主人。

恰好从15世纪开始，欧洲的葡萄牙、西班牙、荷兰、英国等国家的造船、航海技术有了更大进步，为远航东方奠定了物质基础。他们把对《马可·波罗游记》所描述的东方世界的向往作为强大的精神动力，倾情投身于大海远航。不同于中国明朝郑和为传播东方文明而乘风破浪，西方的航海者一开始就把探求财富、争夺自然资源作为航海探险的最重要目标。

这些欧洲国家在不断升温的航海热潮中，相继涌现出像迪亚士、哥伦布、达·伽马、麦哲伦等一批优秀的航海探险家，他们成为欧洲大航海的领军人物、世界大航海时代的弄潮儿。时代创造英雄，英雄又推动时代不断前进。这些航海探险家前赴后继，成为西方大航海时代的英雄，又推动大航海时代不断走向高潮。

迪亚士于 1450 年出生在葡萄牙的一个王族世家，其自青年时代起就喜欢海上的探险活动。1487 年 8 月，他受葡萄牙国王派遣，率领船队向南航行，到过西非沿岸的一些国家，积累了丰富的航海经验，后来发现了南非的好望角。

哥伦布于 1451 年 8 月出生在意大利热那亚，1506 年 5 月 2 日卒于西班牙巴利亚多利德。哥伦布年轻时就是地圆说的信奉者，是马可·波罗的崇拜者，其立志要做一个航海家。1492 年 8 月，哥伦布在西班牙女王伊莎贝拉的经济支持和精神鼓励下，4 次横渡大西洋，其因发现美洲大陆而闻名于世。

达·伽马于 1460 年出生在葡萄牙锡尼什，1497 年受国王派遣，率领船队从欧洲绕过好望角，进入印度洋到达印度，开拓了哥伦布未曾完成的西欧到东方印度的航海路线。达·伽马的船队从东方掠夺了大量财富和殖民地。他还被葡萄牙国王任命为印度总督，最后卒于印度科钦。

麦哲伦（1480—1521）是一名葡萄牙探险家、航海家，却为西班牙政府效力。麦哲伦于 1496 年起在葡萄牙国家航海事务厅工作。他热爱航海事业，但是干了十几年仍然无大成就。1517 年 10 月，他毅然离开葡萄牙到了西班牙，第二年即获西班牙国王卡洛斯一世接见。麦哲伦向国王叙述了自己的伟大计划，成功获得了西班牙政府对其航海活动的资助。1519 年，麦哲伦船队从西班牙出发，一路向西，横渡大西洋、太平洋、印度洋，3 年完成了绕行地球一周的壮举，然而麦哲伦却于 1521 年因介入当地部落冲突而死于菲律宾，未能亲自完成此次环球航行的全过程。麦哲伦环球航行的壮举有力地证明了"地球是圆的"。此后，西班牙等国组织一批又一批航海船队，接二连三地从大洋驶向东方。

除了上述这些著名的探险家、航海家，当时的葡萄牙、西班牙的王室成员也有不少出类拔萃的冒险家和航海家。他们凭着追求权力、追求财富的欲望，不怕惊涛骇浪，不怕干渴和瘟疫，不怕牺牲生命，不断地在荒凉的大海上冒险航行。他们一旦发现海岛和新大陆，就将其霸占为自己的殖民地。他们主要不是通过进行贸易交换，而是通过武力掠夺得到他们最需要的土地资源以及印度、中国的香料、茶叶、瓷器和大量金银财宝。这些通过航海所得的生产、生活资料以及金钱，使他们的国家和民族越来越富

足和强大。

　　欧洲很快掀起了向印度洋、太平洋探险寻宝的热潮。西班牙、葡萄牙、荷兰、英国等国家或者通过贸易，或者用武力进行海盗式的劫掠，从东方得到了大量的金银财宝以及香料、茶叶和精美瓷器。它们一个个相继成了世界的海洋强国、世界的富国和强国。它们真正把 15 世纪推进成为大航海世纪。它们在历史潮流中乘风破浪，从大航海的探险、征战中获取大量的土地、矿山、森林、劳动力（奴隶）等资源和金银、丝绸、茶叶、香料等财富，为之后 18 世纪欧洲工业革命奠定了厚实的物质基础，从而创造了西方文明的新时代。

　　也就是在 15 世纪，东方中国明朝海洋文明从高峰走向衰落，欧洲的葡、西、荷、英等国却利用海洋崛起，使世界东西方文明形成巨大落差。西方诸多国土狭小的国家在经济、政治和军事上远远强于东方的大国中国、印度。而位于北美洲、由欧洲人后裔建立的美国，则发扬欧洲人的海洋文化和海盗式的冒险精神，于 19 世纪之后也成为海洋强国。一直到 21 世纪，美欧强国仍然在世界格局中占据主导地位。

（三）忽视海洋，中国走向衰落

　　15 世纪的大航海时代使世界东西方的政治、经济和文化发生重大变化，是世界历史发展重要的转折时期，是东西方文明交汇、变化的关键时期。

　　我们不妨再翻开 400 多年前的那一段历史：中国明朝郑和船队的历史性航行，比哥伦布航海探险发现美洲大陆早 87 年，比达·伽马从大西洋绕过好望角到达印度洋彼岸的印度早 93 年，比麦哲伦在大海上绕行地球早 114 年。而且，当时中国的造船和航海技术均领先于同一时期的西方诸国。可是，由于传统文化观念等原因，明朝封建统治者忽视海洋大国的存在和作用，主动从海洋退缩，使东方大国开启的大航海时代在半路夭折。

　　往事难忘，真是令人临文嗟悼。

　　难怪美国著名海洋史学者林肯·佩恩会感叹："海上主动权的丧失造成了深远的影响。毫无疑问，如果在葡萄牙人到来之前，有大量的中国商人活跃在印度洋的贸易之中，那么今天的世界肯定会是另一番面貌。"①

是啊，如果历史可以假设，如果郑和之后的明朝、清朝能够重视海洋、继续经略海洋，500 年来的世界历史肯定是另一番面貌。可惜历史没有"如果"！

难怪黑格尔在《历史哲学》中指出，尽管中国靠海，尽管中国古代可能有过发达的远航，但是，"没有分享海洋所赋予的文明"，海洋并"没有影响他们的文化"。②

难怪有人说：中国人发明指南针，主要用于看风水；欧洲人利用指南针，开辟了新航线，也开辟了属于他们的海洋新时代。

这是为什么呢？究其原因，主要是中国封建统治者、士大夫阶层，甚至庶民百姓，都深受传统文化中落后观念和传统习惯的束缚，只见大陆中国而不见海洋中国。

"作为一个本土的汉人王朝，明王朝集中精力守卫其陆上疆土，从而不得不放弃了海洋。1371 年，朝廷诏令'寸板不许下海'，充分体现出明王朝对海洋事务的态度。关于海上贸易的禁令十分严格，这或许源于官僚机构中信奉理学的士大夫。"③

中国自夏、商、周及至秦汉以后，地大物博，人口众多，皇帝一言九鼎，封建王朝有足够的税收和挥霍不尽的财富。中国的"天子"却很少正视海洋，更谈不上认真了解海洋对一个国家和民族发展、强盛的极端重要性，往往以能够在亚洲大陆打天下、以我为中心统治"天下"而满足，故步自封。明朝的开国皇帝朱元璋竟然为防倭寇和海盗而颁布圣旨长期"禁海"，不准自己国家的民众到海上捕鱼，进行海洋运输、商业贸易。到1402 年朱棣当皇帝（永乐帝），明朝国力达到最强盛之时，才派遣郑和率领庞大船队下西洋。而朝廷这么做只是为了炫耀实力，向天下宣扬大明的国威。还有永乐帝朱棣是为了寻找他的侄子朱允炆（建文帝）才派郑和下

---

① ［美］林肯·佩恩：《海洋与文明》，陈建军、罗燚英译，天津人民出版社 2017 年版，第376 页。

② 转引自刘勤、周静：《以海为生：社会学的探析》，海洋出版社 2015 年版，第5 页。

③ ［美］林肯·佩恩：《海洋与文明》，陈建军、罗燚英译，天津人民出版社 2017 年版，第372 页。

西洋的传说。朱棣攻入京城夺取皇位时，传说朱允炆在宫中自焚而死，但一直找不到其尸体，于是又有传说朱允炆逃到海外了。不管怎么说，事实是，郑和7次下西洋，以其航海舰队规模之庞大、航程之长远、航海技术之高超，开启了人类航海新世纪，却由于明朝统治者闭塞守旧，重虚名而不重实利，即使是属于荒凉和无主权的交通要道地域、海岛，也从不布一兵一卒以示主权，更说不上开疆辟土、开发利用宝贵资源了。

而传嗣之主往往忘记老祖宗开拓创业的艰难和许多重要教训，只传承"劳谦谨敕"和讲究"生而不有，为而不恃，功成而弗居""己所不欲，勿施于人"的道德观念；只以万邦来朝为荣，往往认为没有必要像某些小国"蛮夷"那样千方百计对外扩张，对外争夺。可以说，先祖辛苦留下富贵基业，却养育了一批自满自足、面对广大海洋不思进取的懒惰子孙。

生长于封建农耕社会的中国百姓，相对安分守己，期盼的是在大陆安居乐业，过太平日子，下海主要也是为了渔业和近海运输。即使是像明朝末年郑芝龙那样一批有强大武装实力的大海盗和大海商，也只是在中国的沿海闹事、折腾，过着自己富足奢侈的土皇帝日子，而不会想到要漂洋过海，到遥远的海洋、荒岛去发现新大陆，开发利用新资源，创造新的财富。

在朱元璋开国近200年之后（1566年），明朝隆庆皇帝曾经短暂放松海禁。那是由于长期禁海的恶果——"商道不通，商人失其生理，于是转而为寇……海禁愈严，贼伙愈盛"，民不聊生，交不起政府的苛捐杂税，朝廷的税收也日益减少。隆庆朝局部开海，让中华海洋文明浮现一缕曙光。可惜这个隆庆皇帝却不是完全地取消禁海，只是放开福建的海澄月港等一小部分沿海地方。到了崇祯年间，明朝已是内外交困、风雨飘摇。崇祯皇帝不但禁海，而且把国门关得更紧。

马背上得江山的清王朝统治者，基本上承袭明朝的统治制度和重农轻商、重陆轻海的思维模式和统治方法。清初康熙时期，为了应对踞守台湾的郑氏势力的威胁，不但厉行禁海，不准任何百姓出海谋生，还在沿海各省实行"迁界"政策。山东、江苏、浙江、福建、广东、广西沿海的老百姓被迫内迁，离乡背井，拖儿带女，牵牛赶猪，民不聊生。有许多老百姓被迫冒险出海谋生，结果或被官兵杀害，或沦为海盗，或投奔郑氏势力。

东洋的倭寇则乘虚到中国的东南沿海抢劫掠夺。

回顾历史，500 多年前中国作为海洋强国之时，封建王朝的统治集团即便有实力进行大航海，也往往是重政治而轻经济，重眼前而不重长远，重名而不重实。更替明朝的清朝同样忽视海洋，只认知大陆中国而忽视海洋中国，放弃经略海洋，致使中国逐渐变成海洋弱国。中国从此由强转弱，日渐气短息微。

反观这一时期的西欧，葡萄牙、西班牙、荷兰、英国等国则凭借海洋乘势而上，因海而强，以海为桥，四处掠夺。它们不但对东方的财富垂涎已久，而且频频东渡，屡屡得手，收获日丰，野心越来越大。1511 年葡萄牙人占领东南亚的马六甲，1513 年葡萄牙人入据澳门，1521 年麦哲伦登陆菲律宾并宣称将这里纳入西班牙的统治，1522 年葡萄牙人把基督教引入印度尼西亚香料群岛，1600 年英国成立了作为殖民急先锋的东印度公司，1624 年荷兰占领台湾，1840 年英国通过鸦片战争开始霸占香港，1900 年八国联军攻掠北京……

曾经的世界海洋强国中国，自明、清之后逐渐处于有海无疆、有海无防、有海无军、有海无权的落后状态，最终酿成了沦为半殖民地半封建社会、任人欺负的恶果。

（四）"洋务派""黑旗军"也挽救不了清朝的腐朽没落

19 世纪 60 年代到 90 年代，奕䜣、左宗棠、曾国藩、李鸿章、张之洞等一批"洋务派"发起洋务运动，提出"自强""求富"的口号，企图以此拯救摇摇欲坠的清王朝。中国曾经暂露中兴气息。

可惜，这场洋务运动不是要重新认识"海洋中国"、积极努力建设海洋强国，而是只看到西方工业革命的成果，却没能从根本上认识到，西方的工业革命的基础和动力源于他们作为海洋强国所掠夺的巨大财富和积累的冒险进取精神。"洋务派"一心只是要引进西方军事装备、机器生产和科学技术。正所谓舍本而求末也。

洋务运动期间，清政府积极发展近代海军，花巨资从英国、德国共购得主力军舰 25 艘、辅助军舰 50 艘。大名鼎鼎的北洋水师于 1888 年 12 月

成立,是清朝海军最强的舰队,号称"亚洲第一、世界第九"。可惜此时的清朝,封建统治已经日薄西山,越来越腐败无能,从根本上已经丧失了新时期建设强大海军的机会,所谓"亚洲第一、世界第九"只是徒有虚名。国家买了铁甲军舰却没有自己配套的船坞和修理厂,军费短缺且经常被贪墨。清朝本来就缺乏优秀海军人才,即便有邓世昌那样的忠勇海军将领也无用武之地。结果,甲午之年,清朝海军与野心勃勃的日本国一战便一败涂地,几乎全军覆没。清朝的其他海军舰队同样是外强中干,花架子,没能抵抗住英国、法国、德国、葡萄牙等西方侵略者对中国东南沿海的不断进攻和劫掠。清朝官僚发起的洋务运动以失败告终。

清朝末期还曾经出现一位被孙中山赞叹不已的抗击外夷名将、"黑旗军"统领——刘永福。

刘永福(1837—1917),广西钦州人(当时属广东),祖籍博白东平。对于腐败无能的清朝,刘永福起先是坚决反抗的。后来,为了抗击外国侵略者,他才接受清廷招安,带领黑旗军与清军一起抗击法国军队对越南的侵略,屡次大败法军,威震南疆。连法国侵略军指挥官孤拔上将也不得不对他率领的黑旗军发出赞叹:"这些人的英勇气概实在是太神奇了!"

是的,刘永福和他的黑旗军是英勇和神奇的!当时,如果当权者能够对英勇杀敌、爱国爱民的"刘永福们"大加重用和信任,则中国有可能重新振作、强大。但是,历史往往没有"如果"……

已经没落的清政府只是把刘永福当作可以利用的工具。1894年7月,中日甲午战争爆发,清政府又命刘永福赴台帮助巡抚邵友濂办理岛内防务。8月,刘永福奉命率黑旗军先后驻守台北、台南,并在潮汕、台湾等地招募新兵,将黑旗军扩充至八营,决心为"保卫台湾"血战到底。

没料到,由于中日甲午战争中清军大败,清政府与日本签订了丧权辱国的《马关条约》,把台湾、澎湖列岛割让给日本。

台湾军民对此表示强烈不满和坚决抵制。日本为了迫使台湾人民投降,派北白川能久亲王率领日军主力近卫师团,于1895年5月27日在琉球群岛的中城湾海域集结,分兵两路进攻台湾。其中一路日军从貂角强行登陆,攻占基隆。接着,又进犯台北。此时,巡抚唐景崧等人畏日如虎,纷纷逃回大陆。6月7日,台北被日军攻陷。

面对艰难局面，刘永福在台南发出联合抗日的号召，表示为保卫国土"万死不辞"，"纵使片土之剩，一线之延"，亦要战斗到底，不能让倭寇轻易得手。6月28日，刘永福仍以帮办之职统率防军与台湾义军抗敌保台。

1895年8月28日，日军以强大兵力进攻彰化城北的八卦山，黑旗军和义军与日军展开肉搏战，击毙日本号称最精锐的近卫师团一千余人，打死少将山根信成。在这场悲壮的血战中，义军首领吴汤兴中炮牺牲，刘永福部将吴彭年英勇战死。刘永福黑旗军的精锐七星队三百余人也壮烈殉难，彰化失守。尔后，云林、苗栗亦相继沦陷，接着嘉义告急，刘永福命令黑旗军统领王德标迅速率领所部七星队北上增援，又派部将杨泗洪率黑旗军各营及各地义军密切配合，并亲赴嘉义前线坐镇指挥。在刘永福的指挥下，各路人马协力作战，此次战役杀敌近千人，并乘胜相继克复云林、苗栗，反攻彰化。谁料此时黑旗军和义军在连续苦战之后，断饷缺械。刘永福派人回大陆求援，清政府不但不予救济，反而将大陆各地募捐援台款项强行扣留，并下令严密封锁沿海，断绝对台增援。刘永福痛心疾首，发出悲叹："内地诸公误我，我误台！"

1895年9月11日，日本又派第二师团增援台湾。嘉义一战，北白川能久重伤毙命。10月15日，日军进攻台南东南的打狗（高雄）港。刘永福的养子刘成良率军多次打退日军的进攻，后来守卫炮台的兵士饥饿不能战，刘成良率部退守台南。恰在这时，据守曾文溪的黑旗军和义军将士与进攻的日军展开白刃格斗，孤军不敌。台南最后一道防线失守。

10月19日，日军大举进攻安平炮台，刘永福亲手点燃大炮，轰击敌舰。当晚，日军攻城益急，城内弹尽粮绝，在艰苦的恶战中，士兵筋疲力尽，甚至不能举枪挥刀。当时城内大乱，刘永福欲冲回城内，部属极力劝阻。刘永福见大势已去，仰天捶胸，呼号哭说："我何以报朝廷，何以对台民！"当天深夜，刘永福在众部将的劝说和掩护下，带领养子刘成良等十多人乘坐小艇，然后搭上英国商船"迪利斯号"内渡厦门。10月21日，台南陷落，台湾全境被日军侵占。

刘永福晚年不忘爱国大义，仍然关注抗击海外侵略者的事情，并自告奋勇，倾力支持。

1917 年 1 月 9 日，"临阵不畏死，居官不要钱"的"铁血将军"刘永福走完了一生的历史路程，在钦州老家溘然长逝，终年 80 岁。

孙中山曾经赞叹道："余自小即钦慕我国民族英雄黑旗刘永福！"

至今，广西钦州建有刘永福纪念馆，以弘扬刘永福及其黑旗军的英勇爱国精神。

郑和张扬的代表中国的"明"字号大旗早已在浩瀚海洋中缥缈远去，中华民族英雄刘永福高擎的七星黑旗也在血泊中倒下了。那时的中国于是与海洋越来越无缘，越来越缺乏海洋事务的话语权，也就逐渐沦为任凭他国欺凌的弱国、穷国。

由美国学者保罗·肯尼迪著作的《大国的兴衰》是这么描写的："在大约一个世纪的时间内，中国沿海甚至长江沿岸的城市不断遭到日本海盗的袭击，但没有认真重建帝国海军。甚至葡萄牙船队在中国沿海的反复出没也未能使（明朝）当局重新估计局势。达官贵人推理说，陆上防御就够了。""中国倒退的关键因素纯粹是信奉孔子学说的官吏们的保守性，这一保守性在明朝时期因对蒙古人早先强加给他们的变化不满而加强了。在这种复辟气氛下，所有重要官吏都关心维护和恢复过去，而不是创造基于海外扩张和贸易的更光辉的未来。"①

没错，中国的衰落就是从只记得大陆大国而忽视"海洋中国"、从海洋退缩开始的，终于由海洋大国变为海洋弱国，由海洋弱国又变成世界弱国。历史文化悠久、国土广大、人口最多的中国竟然沦落至被别人任意欺负、侮辱的地步。

一百多年来，侵犯中华国土的敌人都是从海洋上打进来的。在国土面积和人口数量本来属于小国的日本和英国、法国、葡萄牙、西班牙、荷兰等，在发展成海洋强国之后，不断从海上对中国进行侵略，乃至攻入中国腹地大肆劫掠。

"1840—1940 年的 100 年中，外国从海上入侵我国 479 次，规模较大的 84 次，入侵舰船 1860 多艘，兵力 47 万多人，迫使清朝政府签订不平

---

① ［美］保罗·肯尼迪：《大国的兴衰》，陈景彪等译，国际文化出版公司 2006 年版，第 7 页。

等条约 50 多个。"①

近代的中国历史上，记下了一页页的血和泪。

西方列强从海洋上挑起来、打进来的两次鸦片战争、中日甲午战争、八国联军侵华战争……滔滔的太平洋记录了中华民族多少血和泪，又埋下多少仇和恨！

（五）鸦片战争，是中国近代史上的耻辱

19 世纪初，清朝统治危机四伏，日益衰败。此时的英国已经是世界头等强国，而仍然贪得无厌，以东印度公司的名义在印度强迫农民种植鸦片再走私到其他国家销售，从中牟取暴利。单单从孟加拉地区通过走私运到中国广州等地的鸦片平均每年高达 900 吨，1838 年输入中国的鸦片数量高达 1400 吨。这些向中国输入的巨量鸦片毒品，使英国赚取了巨额的白银，却严重地危害了中国人民的健康，致使中国"战无强壮之兵、库无隔夜之饷"。清政府无奈之下才下旨实施禁烟运动。1838 年，清朝道光皇帝委派湖广总督林则徐为钦差大臣，奔赴广东查禁鸦片。林则徐到任后，查缴鸦片 2 万余箱，并于 1839 年在广东虎门销毁。

随即，英国于 1840 年 6 月 28 日以中国侵犯其商业利益为借口，发动了第一次鸦片战争。英军舰船 47 艘、陆军 4000 人在海军少将懿律、驻华商务监督义律率领下，陆续抵达广东珠江口外，封锁海口，威胁虎门、广州，攻占香港岛。英军还北上攻占定海、厦门、镇海、宁波、天津。1842 年 5 月 18 日，得到增援的英军又攻陷乍浦，继而于 6 月 16 日攻陷吴淞，7 月 21 日攻占镇江，从而切断京杭大运河。1842 年 8 月 4 日，英国军舰驶抵南京下关江面，英军从燕子矶登陆，察看地形，扬言进攻南京城。

1842 年 8 月，腐败无能的清政府被逼签订了不平等的中英《南京条约》，除向侵略者赔偿巨额白银外，还规定了中国开放新的通商口岸、割让香港岛、共同议定关税等，中国实际上丧失了国家主权和领土的完整。从此，中国进入半殖民地半封建社会耻辱而灾难深重的岁月！

---

① 巩建华、李林杰等：《中国海洋政治战略概论》，海洋出版社 2015 年版，第 39 页。

（六）《马关条约》显现了日本的野心

日本在明治维新之后，随着经济实力的增强，其海军也很快强盛起来，并且走上侵略扩张的军国主义道路。与中国"一衣带水"的日本甚至制定了以侵占中国为基本目标的"大陆政策"。为此，自1880年起，日本更是举国上下全民动员，进一步扩充军队，增强军力。他们以赶超中国为目标，积极准备进行一场以"国运相赌"的战争。

虽然中国一些有识之士对此有清醒的认识，看出"倭人不可轻视"，但清廷的高层如李鸿章等，对日本的认识却还停留在"蕞尔小邦"的层面，麻痹大意，甚至麻木不仁。

原来中国的经济实力远强过日本，其煤、铁的产量更是东洋所不能及。清政府的海军实力号称排名"亚洲第一、世界第九"。可惜，清政府却忙于内部争权夺利和压迫、剥削人民，而轻视国防建设，有防不固，有军不强，视万里海疆如无物。更可叹者，清朝不会自己制造军舰，却又从1888年就停止购进军舰，1891年停止拨付海军器械弹药经费。也就是说，愚蠢的清政府竟然在敌人磨刀霍霍之时，自己却"刀枪入库，马放南山"。在甲午战争爆发前的几年时间，清朝海军实力不进反退。

而另一方面，蓄谋已久的日本建立了一支拥有6.3万名常备兵和23万名预备兵的陆军，以及舰艇总排水量7.2万吨的海军，超过了清朝北洋水师。

1894年（农历甲午年），日本终于挑起侵华战争。由于清政府腐败无能，对日本的狼子野心毫无戒备，北洋水师仓皇应战，战败是必然的结局。清政府被迫与日本签订了臭名昭著的《马关条约》。

《马关条约》是中国近代史上继《南京条约》之后的又一根拔不掉的耻辱柱。它规定中国割让台湾岛及所有附属各岛屿、澎湖列岛和辽东半岛给日本，中国要赔偿日本军费2.3亿两白银，允许日本人在中国通商口岸设立领事馆和工厂及输入各种机器，等等。

甲午战争的战败给中华民族带来空前严重的民族危机，大大加剧了中国社会的半殖民地化。

日本军国主义从此以后气焰越发嚣张，不可一世。1931 年，日本制造九一八事变，占领整个东三省；1937 年，日本制造卢沟桥事变，发动全面侵华战争。日本侵略者在中国疯狂实行"三光政策"，制造骇人听闻的南京大屠杀，在神州净土肆意劫掠抢夺，犯下不可饶恕的历史罪行。

（七）八国联军，让人恨之入骨

1900 年春，大不列颠与爱尔兰联合王国、美利坚合众国、法兰西第三共和国、德意志帝国、俄罗斯帝国、大日本帝国、奥匈帝国、意大利王国组成八国联军，凭借精良的装备，以镇压义和团之名行瓜分和掠夺中国之实，发动对中国的武装侵略战争，于 8 月 14 日攻陷北京城。

它们拥有坚船利炮，从大西洋、太平洋长驱直入中国的黄海、东海，登陆中国的天津、青岛港口，对地大物博的中国进行野蛮侵略。

当时，侵华联军人数总共也就 5 万人（有的说只有 1.8 万人），偌大的一个清朝，几十万的兵将，竟然让侵略者如入无人之境，到处杀人放火、奸淫抢掠！他们从紫禁城、中南海、颐和园中偷窃和抢掠的珍宝更是不计其数！其中著名的"万园之园"圆明园继 1860 年遭英法联军洗劫之后再遭其他侵略者劫掠，终成废墟。

1901 年 9 月 7 日，腐败无能的清政府只得与西方诸国签订丧权辱国的《辛丑条约》。

《辛丑条约》规定清政府向英美等 11 国的赔款达白银 4.5 亿两，分39 年还清，年息 4 厘，本息共计约 9.82 亿两，以海关税、常关税和盐税做担保。

侵略者竟要求清政府将北京东交民巷划定为使馆区，成为"国中之国"。该区内中国人不得居住，各国可派兵驻守。还要求清政府拆除大沽及有碍北京至海通道的所有炮台，帝国主义列强可在自北京至山海关沿线重要地区的 12 个地方驻扎军队。

强盗们还胁迫清政府承诺镇压反帝斗争；永远禁止中国人民成立或加入任何"与诸国仇敌"的组织，违者处死；各省官员必须保证外国人的安全，否则立予革职，永不录用；凡发生反帝斗争的地方，停止文武各等考

试 5 年。这一条标志着清政府完全沦为了帝国主义统治中国的工具。清政府分派亲王、大臣赴德、日两国表示"愧惜之意"，在德国公使克林德被杀之处建立石牌坊；惩治附和过义和团的官员，从中央到地方被监禁、流放、处死的官员共达 100 多人。

四、悟已往之不谏，知来者之可追

"英国用大炮强迫中国输入名叫鸦片的麻醉剂。清王朝的声威一遇到不列颠的枪炮就扫地以尽，天朝帝国万世长存的迷信受到了致命的打击，野蛮的、闭关自守的、与文明世界隔绝的状态被打破了……鸦片不曾产生催眠的作用，而倒产生了惊醒作用，历史的发展好像首先要麻醉这个国家的人民，然后才可能把他们从原来的麻醉状态下唤醒似的。"①

是的，被麻醉过后的中华民族，需要苏醒，也应该苏醒过来了。

是的，从海洋退缩而吃够苦头的中国，不仅要以大陆大国为自豪，更要以海洋大国为己任。我们要对海洋发出强烈的呼号：我们回来了！

（一）悲哀、觉醒，雄鸡高唱

电视剧《走向共和》刻画了一个有历史根据的感人情节：清朝光绪皇帝在悼念英勇抗倭、壮烈牺牲的邓世昌时写道："此日漫挥天下泪，有公足壮海军威。"此情此景，怎不令人万分感叹？这是痛定思痛，追悔莫及。这是哀悼，也是觉醒。

中国民主革命先驱孙中山先生曾发出无限感慨："世界大势变迁，国力盛衰强弱，常在于海而不在于陆。其海上权力优胜者，其国力常占优胜。"②

新中国诞生前夕，1949 年 8 月 28 日下午，人民领袖毛泽东在北京中

---

① 《马克思恩格斯选集》第二卷，人民出版社 1972 年版，第 2 页。
② ［法］弗朗索瓦·德勃雷：《海外华人》，赵喜鹏译，新华出版社 1982 年版，"序言"第 3 页。

南海召见了华东军区海军司令员兼政委张爱萍等人，他说："从1840年到今天，100多年了，鸦片战争、甲午中日战争、八国联军侵华战争，都是从海上打进来的。中国一败再败，屡次吃亏，割地赔款，就在于政府腐败，没有一支像样的海军，没有海防。""帝国主义就是欺负我们没有海军。"①

1953年2月24日，毛泽东在视察海军舰艇部队时，强调海军建设要自力更生，指出："我们国家穷，钢铁少，海防线很长，帝国主义就是欺负我们没有海军。一百多年来，帝国主义侵略我们都是从海上来的，不要忘记这一历史教训。海军的建设一定要放在自力更生的基础上。要学习外国的先进经验，但是不要认为什么都是外国的好。海军是有自己的特点的，但是不能强调海军特殊。我军的好传统不能丢。"②

"长夜难明赤县天，百年魔怪舞翩跹，人民五亿不团圆。"多少血泪、多少教训，都在昭示我们：影响一个国家兴衰的重要因素，是它能否在控制、驾驭海洋上有大作为。

拥有1.8万公里海岸线的中国，要真正实现国家独立富强、人民当家作主，首先必须建立一支强大的海军，保卫自己的海疆。

"中国人民从此站起来了！"这宣言像惊雷，震荡长空，响彻世界。苦难的中国人民在中国共产党、毛泽东主席的英明领导下，站起来了。1949年10月1日，新中国正式宣告成立了。

可是啊，振兴中华，建立强大的人民海军，绝不是容易的事情。过去，共产党领导的工农民众只要配备上"小米加步枪"，就能作战冲锋，组成各种编制的骁勇的革命陆军队伍，而海军则起码必须有军舰、大炮。这必须有相应的经济基础和技术能力作为支撑。

而1950年新中国的钢铁产量才61万吨，虽然比1949年的16万吨增长了2.8倍，却只相当于美国8785万吨的1/5400，相当于日本484万吨的1/295。对于这样一个拥有5亿人口、1260万平方公里领土（其中包括

---

① 季长空：《毛泽东为海军题词背后的故事》，《解放军报》2021年4月25日第8版。

② 《党史百年·天天读——2月24日》，中共中央党史和文献研究院网站，2021年2月24日，https://www.dswxyjy.org.cn/GB/434461/434463/434812/index.html。

300 万平方公里蓝色国土）的大国，区区 61 万吨钢铁，能拿出多少来造军舰、造大炮？

不难想象，共产党领导的新中国是在半殖民地半封建的烂摊子上建立起来的，千疮百孔，一穷二白，更缺少造军舰、大炮所需的钢铁和资金。要在短时间建设起能与外国侵略者抗争的强大海军，要有能与他国匹敌的海军军事装备，该有多大困难！

一唱雄鸡天下白，五亿人民志擎云。再大的困难也难不倒站立起来的中国人民，再凶恶的敌人也阻挡不了新中国前进的步伐。

（二）艰难、壮烈，勇往直前

海洋，是地球表面的主体；大海、江河，是中国人民必须面对的同伴。曾经由于国家穷，人民解放军缺少水上驾驭的工具和能力，在解放战争的最后阶段和抗美援朝中遇到了巨大困难，付出了惨重的代价，有许多优秀指战员壮烈牺牲。

曾记得，1949 年 4 月 21 日至 6 月 2 日间，中国人民解放军是划着木船"百万雄师过大江"的，先进武器和装备数量不多且主要来自缴获，其强大的战斗力和高昂的士气主要靠的是红军长征精神、延安精神，靠的是解放全中国、复兴中华的英勇气概，靠的是人民众志成城的力量。"宜将剩勇追穷寇"，解放军势如破竹，先后解放南京、上海、杭州和武汉。然后，人民解放军又乘势解放广州、成都等大城市，第二年再南下解放海南岛，彻底终结了国民党在大陆的统治。

为了解放金门岛，许多解放军战士壮烈牺牲。1949 年 10 月 24 日，人民解放军第二十八军首先进攻金门，第二十九军主力师则协同作战。19 时，第一梯队 3 个团开始登船启航，翌日凌晨登陆成功。登岛部队因缺乏师级指挥员统一指挥，更没有真正意义上的海军，没有足够的船只可以组织返航接运第二梯队，也没有足够的海上军力巩固滩头阵地。增援的国民党军胡琏十二兵团主力在料罗湾登陆后对解放军登陆部队实施反包围，原来后撤的国民党军守岛部队发起反扑，在敌军海陆空的立体进攻下，解放军登陆部队处境不利，加上潮水退落，船只在古宁头海滩搁浅，最后全数被国民党军炮火击毁，解放军登陆部队的后路被切断。由于船只被炸毁，原定船只返回大陆运送第二梯队支援第一梯队的计划成为泡影。

惨烈的金门之战是人民解放军战史上的一次严重失利，引起中央军委高度重视，毛泽东主席亲自起草电报《严重注意攻击金门岛失利的教训》，以中央军委的名义通报各野战军前委、各大军区，他指出："查此次损失，为解放战争以来之最大者。其主要原因，为轻敌与急躁所致。"电报也指出地方党委和负责进攻金门的部队没有用大力"解决船只及其他战勤问题"。[1]

在陆地上，人民解放军从东北打到华南，势如破竹，为什么在海上战场竟吃如此大亏？攻击金门的解放军"轻敌与急躁"的根源在对于海岛作战中敌我双方力量估计不足，没有海上作战经验，没有正视自己连木头船都奇缺，在海上作战的武器装备上与敌军差距悬殊的问题。

后来，解放海南岛的重任落到人民解放军第四野战军第十五兵团上，兵团的将士们面对的是固守在海南岛，拥有飞机、军舰和各种美式装备的10多万国民党军队，绝不敢掉以轻心。

十五兵团经过紧张的准备，到1950年3月底便征集到船只2600余艘，船夫1.4万余人，动员民工97万人，筹粮3750万斤，筹款100万银圆，动员牛车4.5万余辆，为部队运送、储备了足够多的粮食及武器弹药。同时，解放军继续从缴获来的卡车拆下发动机并装备到木船上，改造成"土舰队"，作为"指挥舰""通信舰"和"护卫舰"，想方设法提高渡海作战能力，为夺取海南岛战役的胜利增加砝码。4月16日18时30分，随着"启航"命令下达，解放军东、西两线部队分乘千百条渡船顺风而下，直指海南岛，最终于5月1日解放海南岛全境。人民解放军创造了木船打败大军舰的奇迹。

但是，刚刚成立的新中国经济上还是一穷二白，还没有建立起完整的工业体系，人民军队装备落后，连渡海战斗最基本的军舰、飞机、远射程大炮也没有。在历时56天（1950年3月5日至5月1日）的解放海南岛战役中，解放军付出了4500多名将士伤亡的巨大代价，牺牲者中级别最高的是四十军——九师副师长黄长轩。1950年4月16日夜晚，黄长轩带

---

[1]《毛泽东文集》第六卷，人民出版社1999年版，第18页。

领部队成功登陆海南岛，解放了临高县城，正指挥部队向纵深突进，却不幸在敌机的空袭中牺牲。

1950年朝鲜战争爆发。中国人民志愿军入朝作战，开始的一段时间没有飞机，更没有军舰。而美军在现代化海军的掩护下从仁川登陆，使朝鲜人民军几陷于绝境，中国人民志愿军也一度陷于艰难局面。中朝人民军队经过三年的浴血奋战，迫使装备精良的以美国为首的"联合国军"退到"三八线"以南，并签订了停战和平协议。

除了介入朝鲜内战，美国凭借其强大的海上武装力量威胁中国沿海地区，还乘机派出第七舰队进入台湾海峡，干涉中国内政，阻挠解放军解放台湾。中国要实现统一大业，建立一支强大的海军是不可或缺的。

（三）悟已往之不谏，知来者之可追

"为了反对帝国主义的侵略，我们一定要建立强大的海军！"这是毛泽东的誓言，是担负着中华民族复兴重任的中国共产党的决心。

1949年3月24日，毛泽东主席和朱德总司令在庆祝"重庆号"巡洋舰官兵起义时就指出：中国人民必须建设自己强大的国防，除了陆军，还必须建立自己的空军和海军。

同年4月4日，人民解放军第三野战军副司令员粟裕、参谋长张震奉中央军委命令，到达江苏省泰县（今泰州市）白马庙，建立渡江战役指挥部，接收国民党海军起义投诚舰艇，组建一支保卫沿海沿江的海军部队。1949年4月23日，华东军区海军领导机构在白马庙成立，张爱萍任司令员兼政委，人民海军从此诞生。

在以毛泽东为首的党中央和中央军委的领导和大力支持下，1955—1960年，人民海军相继组建东海、南海、北海三大舰队。国家的海防布局和海军建制进一步完善，有力地保卫了国家的安全和领土完整。

中国人民海军的建设，走的是一条艰苦奋斗、自力更生的路子。新中国成立初期，在经济十分困难的情况下，毛泽东主席和党中央仍然十分重视和大力支持人民海军的建设，为改变中国的海上军事力量薄弱的局面做出了不懈的努力。半个多世纪过去，人民海军建设艰苦奋斗、自力更生的思想作风薪火相继、代代相传。

"21世纪是海洋世纪。"这句话全世界几乎所有的国家都在说。连联合国的官员也说：它预示着新世纪新全球的形势——人类活动的主舞台真正从大陆转向海洋。这是海洋资源充分开发、海洋经济竞相发展的世纪，也是海洋军事争强斗胜的世纪。

对海洋有深刻认识的新中国领导者更是这么反复地说，从预见，到实干。

2002年召开的党的十六大提出"实施海洋开发"战略。

2003年5月，国务院颁布《全国海洋经济发展规划纲要》。

2007年召开的党的十七大做出"发展海洋产业"重大决策。

2008年2月，国务院发布《国家海洋事业发展规划纲要》，将其作为指导全国海洋事业发展的纲领性文件，提出"加强对海洋经济发展的调控、指导和服务"。

2012年11月，中国共产党第十八次全国代表大会明确、响亮地提出：中国要建设海洋强国。

2013年1月17日，国务院公布《全国海洋经济发展"十二五"规划》。

2013年7月30日，中共中央政治局专门就建设海洋强国问题进行集体学习、研究。习近平总书记在主持召开这次集体学习时强调"建设海洋强国是中国特色社会主义事业的重要组成部分"。

党的十八大做出了建设海洋强国的重大部署。实施这一重大部署，对推动经济持续健康发展，对维护国家主权、安全、发展利益，对实现全面建成小康社会目标，进而实现中华民族伟大复兴具有重大而深远的意义。

国际舆论马上捕捉到中国对于海洋的认识和觉悟发生了根本改变。美国的《外资》双月刊于2013年7月29日在其网站发表文章称，"中国迈向海洋大国是历史性转型"，"我们应把这一过程看作自然的转变"，"这种面向海洋的历史性转变的重要性再怎么夸大也不为过"。①

党的十八大之后，中国建设海洋强国的热潮一直在不断升温。

---

① 《美刊为中国海洋政策辩护：外界有几分危言耸听》，参考消息网，2013年8月1日，https://china.cankaoxiaoxi.com/2013/0801/248479.shtml。

中共中央总书记、国家主席、中央军委主席习近平于 2019 年 1 月 15 日在中国海洋经济博览会的讲话中指出："海洋对人类社会生存和发展具有重要意义。海洋孕育了生命、联通了世界、促进了发展。"他是在反复告诉全党同志和全国人民要进一步关心海洋、认识海洋、经略海洋，推动中国海洋强国建设不断取得进展。

党的十九大报告等重要文件对于建设海洋强国都有重要阐述。习近平总书记更是多次强调，建设海洋强国，是时代赋予中华民族这一代人的光荣历史使命。要实现中华民族的伟大复兴，中国就必须建设海洋强国。

2021 年 7 月 1 日，在中国共产党成立 100 周年庆祝大会上，习近平总书记铿锵有力地对全中国、全世界说："以史为鉴、开创未来，必须加快国防和军队现代化。强国必须强军，军强才能国安。坚持党指挥枪、建设自己的人民军队，是党在血与火的斗争中得出的颠扑不破的真理。人民军队为党和人民建立了不朽功勋，是保卫红色江山、维护民族尊严的坚强柱石，也是维护地区和世界和平的强大力量。""中国人民是崇尚正义、不畏强暴的人民，中华民族是具有强烈民族自豪感和自信心的民族。中国人民从来没有欺负、压迫、奴役过其他人民，过去没有，现在没有，将来也不会有。同时，中国人民也绝不允许任何外来势力欺负、压迫、奴役我们，谁妄想这样干，必将在 14 亿多中国人民用血肉筑成的钢铁长城面前碰得头破血流！"

屹立于世界东方的中国人民下定决心，要排除万难，建设海洋强国，实现中华民族的伟大复兴。

第二章　大陆　海洋　复强

中国既是大陆大国，又是海洋大国。

但是，历史的和现实存在的客观原因，致使很多国人却只记得幅员广大、山河壮丽的大陆中国，而往往忽略甚至忘记了面向太平洋并通达印度洋和大西洋等各大洋，拥有渤海、黄海、东海、南海和 7500 多个岛屿、管辖海域面积达 300 万平方公里的"海洋中国"。

这不只是观念问题，而是关系国家、民族的前途、命运的重大原则问题。

2018 年 4 月 12 日，习近平总书记在海南考察时指出，"我国是一个海洋大国，海域面积十分辽阔。一定要向海洋进军，加快建设海洋强国"。

这是党的十八大做出"建设海洋强国"的重大决策部署之后，党和国家最高领导人的再次动员和号召。

面对宽广开阔、资源极其丰富的海洋，国人一定要紧跟形势、转变观念，从"陆地中国"进入"海洋中国"。

正如 2018 年 6 月 12 日，习近平总书记在青岛海洋科学与技术试点国家实验室考察时所强调的，"必须进一步关心海洋、认识海洋、经略海洋"。

一、中国既是陆地大国，又是海洋大国

世界上的大国基本上既是陆地大国，又是海洋大国。

地球就这么大，地球表面 70% 以上是海洋，陆地被海洋分割成为亚洲、欧洲、非洲、美洲、大洋洲、南极洲，200 多个国家中的大国都不可能是内陆国家，都会面临辽阔的海洋，有漫长的海岸线和众多岛屿，如俄罗斯、加拿大、中国、美国、巴西等。

然而，每个大国的地理都有各自的特点，海岸线各有短长，各有曲折

和精彩，所发生的历史也各不相同。

中国的自然地理条件尤其特殊，5000多年悠久的人文历史更加丰富多彩。

（一）中国是世界上居于前三位的陆地大国

历史上，中国的版图曾经发生多次变化。现在，中国陆地面积约960万平方公里，同14国接壤，有2.2万公里长的边界线，是亚洲陆地面积最大的国家，差不多同整个欧洲面积相等，在世界上是仅次于俄罗斯、加拿大的陆地大国。

中国的地势西高东低，呈阶梯状分布，南北相距5500公里，东西相距5200公里，山地、高原面积广大，气温降水的组合多种多样，形成了多种多样的气候。

几千年来，尽管中国的陆地版图有过很多改变，但是，在中华大地上，峻拔天山、莽莽昆仑、巍巍太行、岳宗泰山、秀丽黄山、万里长城、滔滔黄河、滚滚长江、青藏高原、云贵高原、四川盆地、葱郁南粤、碧水闽山等，始终磅礴如旧，壮丽依然。

但是，作为中华民族大家庭中的一员，对于中国地理的认识、对中国历史的感知，如果单单记得这些，是不全面的，有残缺的。

（二）中国是世界上的海洋大国，不能忘记祖国的蓝色国土

中国不但是陆地大国，有着五彩缤纷、令人刻骨铭心的山川、田园故事，中国又是海洋大国，有过辉煌的航海历史，不乏对征服海洋的美好梦想，华夏儿女应该有更加辉煌的海洋事业。忘记这一点，就是没有全面认识中国的自然地理，就是对中国的历史缺乏全面的、深刻的感知。

中国大陆海岸线北起鸭绿江口，南到北仑河口，长达18000多公里；岛屿7500多个，大陆的海岸线加上这些岛屿的海岸线，则中国的海岸线共计长3.2万多公里；按照《联合国海洋法公约》的有关规定和中国的主张，中国有300万平方公里海洋国土，与8个国家隔海相望。

领海就是国家的主权。我们绝不能忘记 300 万平方公里的蓝色国土，绝不可以放弃国家的海洋主权。

"领海"这个词是在 1930 年海牙国际法编纂会议上提出的，此后，便被国际上普遍使用。1982 年问世的《联合国海洋法公约》第 2 条规定："沿海国主权及于陆地领土及其内水以外邻接的一带海域，称为领海。此项主权及于领海的上空及其海床和海底。"第 3 条规定："每一国有权确定其领海宽度，直到从按照本公约确定的基线量起不超过 12 海里的界限为止。"①

中国的领海宽度为 12 海里。这是 1958 年中国政府向国际社会庄严宣布的。

自 1949 年中华人民共和国成立后，在总结中国关于领海的管理和控制的实践基础上，结合国际公约的规定逐步建立和健全了中国领海制度。1958 年 9 月 4 日，中华人民共和国中央人民政府发表了《中华人民共和国关于领海的声明》，向世界庄严宣布中国领海宽度为 12 海里，适用于一切领土，包括大陆及沿海岛屿。1992 年 9 月 25 日，第七届全国人大常委会第二十四次会议通过了《中华人民共和国领海及毗邻区法》，并于同日由国家主席颁布生效。它是关于中国领海的一部基本法律，全面规定了中国领海及毗邻区制度，尤其对中国的领海范围、领海的法律地位做了更具体的规定。②

实际上，中国的领海确定起来相对比较困难、复杂。首先是中国海岸线都十分曲折、复杂；其次是中国在黄海、东海、南海方向同 8 个国家隔海相望，海面既阔达又交叉，12 海里宽度的领海分界线确定和划分起来，有许多实际问题。

由于地理的复杂情况和历史变化沿革，中国与周边 8 个海上邻国都存在着海域划界争议，且不是一朝一夕就可以解决，更不能像某些霸权主义国家那样用武力解决。中国是中国共产党领导的社会主义国家，历来主张和践行和平共处五项原则，推进睦邻友好。在处理与邻国的领海争端时，

---

① 巩建华、李林杰等：《中国海洋政治战略概论》，海洋出版社 2015 年版，第 10 页。
② 巩建华、李林杰等：《中国海洋政治战略概论》，海洋出版社 2015 年版，第 11 页。

中国也主张"主权在我、搁置争议、共同开发"。中国政府公布的中国海洋国土是 300 万平方公里。这是"中国可主张的管辖海域总面积",基本上是公认的。

300 万平方公里管辖海域,是祖国的蓝色国土,我们应该珍惜、坚决捍卫、积极开发利用好它。为实现"人类命运共同体",我们还应该对占地球表面面积 70% 以上的海洋有更全面、深刻的了解,积极向海洋进军,发展和创造更加辉煌的海洋事业。这也是我们责无旁贷的责任。

但是,很多国人至今都只知道中国的国土面积是 960 万平方公里,而往往忽视中国 300 万平方公里的海洋领土。

这实在是不应该再存在的遗憾。

(三)蓝色国土未能成为国民意识的历史原因

中国的国土面积应该是 960 + 300 = 1260 万平方公里。但是,很多国人至今仍然只记住中国的陆上国土面积是 960 万平方公里,为什么?

首先是历史的原因。中华 5000 多年的文明史主要是大陆的农耕文明史。从数千年前的夏、商、周到秦、汉、唐时代,其首都和经济、政治、文化中心,都在远离海洋的西北地区。我们的祖先未能充分重视海洋,甚至害怕海洋,还有过抗拒海洋的历史。

回顾历史可以看到,总体上,中华民族的海洋活动实践本来就不丰富,纵然有过海洋文明历史的冲天光焰,也往往被后人简略、轻视。

一部经典史书《史记》"述历黄帝以来至太初而讫,百三十篇","据《左传》《国语》,采《世本》《战国策》,述《楚汉春秋》,接其后事,讫于天汉。其言秦、汉详矣"。[①]但是,如此鸿篇巨制,竟没有一个专门描述华夏儿女与海洋生活的章节。

《三国演义》《水浒传》《红楼梦》等中国文学名著,也没有或者极少描写海洋经贸、海洋文化的情节。

春秋战国时期,临海的齐、鲁、吴、越等地区的民众应该有过频繁的

---

① 〔南朝宋〕裴骃:《史记集解序》,见《史记》,中华书局 2011 年版,第 2876 – 2877 页。

海洋生产和生活实践，但是封建统治者的主要精力在于应对大陆的秦、楚、燕、赵、韩、魏诸侯国的挑战，一心一意逐鹿中原。即使民众在煮盐、渔猎方面发生频繁的各种精彩活动，统治者及其史官们也不会在正史上给予这些多少印记。

2200 多年前，秦统一六国，秦始皇曾经沿海巡边，"观籍柯，渡海渚，过丹阳，至钱唐……上会稽，祭大禹，望于南海"，还曾命人下海到蓬莱访求长生不老之"仙药"。谁知这位始皇帝却中途染病，"崩于沙丘平台"。[①]"望于南海""采仙药"等事迹便再无下文。总之，有关海洋的事情在史书上往往被置于次要的地位，所以也就没能给后人留下与海洋关联的更多、更形象生动的历史认知。

以后的汉武帝在派遣张骞两次出使西域、开辟了 2000 多年来交往不断的陆上丝绸之路的同时，还曾经遣使从岭南的徐闻、合浦出发，开辟了汉帝国通往东南亚、印度、波斯的海上丝绸之路，但其规模远不如陆上丝绸之路。班固在《汉书·地理志》中记载了汉使访问东南亚、南亚诸国的航程："武帝元封元年（前 110），略以为儋耳、珠崖郡……自日南障塞（在今越南境内）、徐闻、合浦，船行可五月，有都元国（今马来半岛南部、新加坡一带）。又船行可四月，有邑卢没国（今缅甸伊洛瓦底江下游地区）……其州广大户口多，多异物，自武帝以来皆献见。"仅此而已，是哪一位历史人物奉汉武帝之命领军从南海出使？途中遇到多少风浪？发生了什么详细生动的事情？这些通通不清楚。并且，除了班固之外，其他史书对"海上丝绸之路"则很少记述。

1998 年，在印度尼西亚勿里洞岛海疆，一家德国公司打捞出一艘1300 年前的沉船，船上承载了 6 万多件中国瓷器，其中长沙窑瓷器达 5.6万余件，其数目之巨，全球震惊。各国考古学家研究证实，这艘沉船建造于西南亚，船上水手也来自西南亚，该船沉没于东南亚海域，且在船上发现了大量的来自中国唐朝的瓷器和其他商品，足以说明 1300 年前海上贸易的国际性，以及东南亚各国沿着海上丝绸之路与盛唐开展的贸易数额是多么巨大。在沉船上所发现的瓷器的精湛制作工艺，让外国专家对唐朝文

---

① 《史记·秦始皇本纪》，中华书局 2011 年版。

化惊叹不已。这是一个古代海上丝绸之路的盛况。可是，这些资料却在中国史书上很难查到，中国媒体对此也没有引人注目的报道，反倒是外国人出版的书刊对此大书特书。

西汉时期开辟的海上丝绸之路至唐、宋时期一直畅通，虽然官方很少主动组织大型的有较大影响的海洋贸易、外交活动，但民间的商业贸易和文化交流仍然延续不断。然而，官方对民间开展的"海上丝路"活动，并没有大力宣传、认真记载。明、清两朝禁海之后，民间的海上贸易变成非法行为，这条"海上丝绸之路"则基本中断。

三国时期的曹操亲征乌桓，消灭了盘踞在辽东的反叛势力，奠定了对黄河以北地区的统治基础，实现了汉末以来北方的安定。曹操在班师回朝的途中，途径碣石山，在山上眺望渤海，胸中激荡着无尽沧桑豪迈，吟诵出《观沧海》的经典篇章：

> 东临碣石，以观沧海。
> 水何澹澹，山岛竦峙。
> 树木丛生，百草丰茂。
> 秋风萧瑟，洪波涌起。
> 日月之行，若出其中；
> 星汉灿烂，若出其里。
> 幸甚至哉，歌以咏志。

他观赏人海涌起的巨人波海，竟然联想到日月的运行，好像是从这浩渺的海洋中出发的；浩渺的海洋甚至把银河星光灿烂也包裹在里面。当其时，其对大海的情感是何等豪迈！但是，曹操赞赏大海，却不是从心底里热爱大海，而是要对海洋有一番作为。他所关注和应对的是蜀汉刘备和东吴孙权，想的是如何打败他们以实行中原统一。除了《观沧海》之外，魏武帝并没有给后人留下向海洋进取的文明篇章。

唐宗、宋祖，虽有宏图大业，但其主要政绩在于九州禹迹的励精图治，并没有用心去改进和提高海洋经济的生产能力和海洋军事活动能力，更没有留下光辉的海洋文明史。

明朝郑和下西洋是中华民族谱写的一段照耀世界的光辉海洋文明史。当时，中国在造船和航海技术、航海时间和航海规模等方面领先于欧洲的葡萄牙、西班牙、英格兰、荷兰诸国。但永乐皇帝派郑和下西洋的主观愿望，主要是显耀中国的国力，安抚东南亚沿海各国，使之心甘情愿向天子朝贡，重虚名而不重实利。明朝永乐皇帝和郑和都没有继续引领世界大航海时代的气魄和决心，更没有在民间掀起热爱海洋、探索海洋、向海洋进取的热潮。

明朝的这一段海洋文明史自郑和下西洋之后戛然而止。这段短暂的中华海洋文明史在历史长河中只是小小的一朵浪花，没有掀起波澜，并且很快被明朝皇帝自己的禁海政策给封住、抹杀了。他们曾经创造中华的海洋文明史，却又使中华文明包括大陆文明和海洋文明丧失了跃上历史新高峰的机会。

反观几乎同一历史时期的欧洲，除了哥伦布、麦哲伦等著名的探险家、航海家，葡萄牙、西班牙的王室贵族也不乏出类拔萃的冒险家和航海家。他们到大洋航行探险的目的非常明确，就是寻找财富、追求权力，因此他们不怕惊涛骇浪，不怕干渴和瘟疫，不怕牺牲生命，不断冒险航行。他们发现了许多海岛和新大陆，并将其变成本国的殖民地。他们或者通过贸易，或者用武力进行海盗式的劫掠，从东方得到了大量的财富，包括香料、茶叶和精美瓷器、金银财宝。他们前赴后继，一个个成了世界的海洋强国、世界的富国和强国。他们的示范和带头作用，使欧洲各国统治者和民众不断掀起航海探险的热潮。

明朝之后的清朝统治集团是从马背上得天下的，既不熟悉海洋，又害怕海洋，在禁海、轻视海洋经济和海洋的军事战略地位方面，比明朝有过而无不及。直到西方列强用坚船利炮从海上登陆，胁迫大清帝国签订各种丧权辱国的条约，清政府不得不既割地又赔款，皇帝和大臣们的日子很难过下去了，才想起要搞洋务，"师夷长技以制夷"，而主要办法只是购买洋人的铁壳军舰，建立清朝自己的海军。

俗话说，"亡羊补牢，尚不为晚"。问题是屋漏、墙颓而亡羊的主人已经身残体衰，补牢马马虎虎，一点也不牢固，根本挡不住豺狼的袭击和劫掠。

晚清的洋务运动根本起不到"师夷长技以制夷"的功效，更没有给中华民族留下值得怀念的海洋文明史迹。他们花了华夏大地子民的大量血汗钱向西方购买的那些军舰、大炮，在甲午一战中都折戟沉沙了。

100多年来，西方列强对中国的侵略和掠夺行动绝大多数是从海上打进来的。晚清政府则越来越腐败无能，不得不一次次吞下害怕海洋、轻视海洋的苦果。最为典型的是1900年5月28日，英、美、法、德等八国联军只有5万人。而当时清朝在北京的守军近10万，加上义和团兵力几乎10倍于八国联军，结果却让洋鬼子长驱直入，攻陷北京，杀人放火、奸淫抢掠，从紫禁城、中南海、颐和园中被偷窃和抢掠的珍宝更是不计其数。著名的"万园之园"圆明园继1860年遭受英法联军洗劫之后再遭其他侵略者劫掠，终成废墟。1901年9月7日，腐败的清政府与八国代表签订了丧权辱国的《辛丑条约》，中国自此彻底沦为半殖民地半封建社会。长城内外，大河上下，哀鸿遍野，民不聊生。

如此这般，时至今日，许多国人还只能望洋兴叹。有的人崇洋媚外，有的人恨洋骂海、咬牙切齿。但是，却很少有人觉悟到海洋与国家和个人命运息息相关，没有深刻认识到保卫、开发建设海洋国土的重要性。甚至还有人觉得，就算把相当于陆地国土面积1/3的海洋国土统统当成国土——又能如何？

这就是华夏历史的某一部分缺陷甚至是痼疾给国人留下的只重视大陆而不重视海洋、只谋大陆而不谋海洋的很难改变的旧观念。

（四）新中国成立之初贫穷落后的实际情况，也是蓝色国土未能普遍成为国民意识的客观原因

1949年成立的新中国一穷二白。加上退据台湾的国民党政权时时梦想"反攻大陆"，并勾结美帝国主义不断对中国大陆进行骚扰。美国除了派出第七舰队游弋台湾海峡，还在太平洋上建立几十个军事基地，构成对新中国的包围圈，妄图通过海上严密封锁，使新中国陷入困境。在这种情况下，新中国即使想对外开放，希望从大洋走向世界，也只能望洋兴叹。严峻的国内外形势，使有的人产生错误的感觉，即畏惧海洋、忽视海洋、

回避海洋。

　　然而，中国共产党是一个有崇高的理想、坚定信念的无产阶级政党，从 1927 年的"白色恐怖"中拨开迷雾，从艰苦卓绝的井冈山斗争到千难万险的长征路，从硝烟弥漫的抗日战争到摧枯拉朽的解放战争，一路披荆斩棘，所向披靡。一穷二白的艰辛国情，帝国主义反动派的严重威胁，都吓不倒中国共产党领导的新中国。

　　1951 年，毛泽东主席在第一届全国政协第三次会议上向全世界郑重声明："外国帝国主义欺负中国人民的时代，已由中华人民共和国的成立而永远宣告结束了。"①

　　这就是新中国的雄心壮志，这是钢铁般的宣言：中国人民坚决抗击不管是从陆地还是从海上进犯的帝国主义侵略者，决心为捍卫国家主权、安全、领土完整而英勇斗争，要为维护地区和世界和平而不懈努力！

　　但是，当时国家的实际情况却令新中国的开国领袖们力不从心。当时，中华人民共和国在经济建设和军事发展上必须分轻重缓急，不可能重点关注海洋、进军海洋。面对从旧中国接过来的千疮百孔烂摊子，面对着 5 亿还不能摆脱饥饿和贫困的人民，党中央当时最紧迫的是安排好神州大地亿万人民的生活，尽力抓好国家的经济生产恢复和建设。况且，新建立的人民海军的家底，只有接收过来的国民党遗留或投诚的日制护卫舰 8 艘、各式炮舰江防舰 7 艘、战士登陆舰 1 艘、中型登陆舰 1 艘、炮艇登陆艇等 40 艘、修理舰 2 艘、货船 2 艘、拖船 4 艘、各式杂艇 26 艘。其中多艘后被国民党空军派机炸沉。总之，新中国海军初期所使用的军舰基本上十分陈旧，来源种类复杂，保养不善，舰况不佳，战斗力十分低下，只有近海防御的能力，只能保护滨海的渔民和农民。

　　中国 1953 年开始实施的第一个"五年计划"，是国民经济建设计划的重要部分，主要是对国家重大建设项目、生产力分布和国民经济重要比例关系等做出规划，为国民经济发展远景规定目标和方向。它确定以发展重工业为重要目标，因此也未能把眼光投向海洋开发和建设。

　　1954 年夏，开国领袖毛泽东到北戴河瞭望大海，想起曹操的《观沧

---

① 《毛泽东文集》第六卷，人民出版社 1999 年版，第 185 页。

海》，也抒发出对广袤浩渺大海的豪情，填了一首词《浪淘沙·北戴河》：

　　　　大雨落幽燕，白浪滔天，秦皇岛外打鱼船。一片汪洋都不见，知
　　向谁边？

　　　　往事越千年，魏武挥鞭，东临碣石有遗篇。萧瑟秋风今又是，换
　　·了人间。

毛主席关注大海，首先想到老百姓，想到渔民们为了生计不得不在汪洋大海中与大风大浪搏斗，"秦皇岛外打鱼船。一片汪洋都不见，知向谁边？"他们的安全会怎么样啊？接着，一句"往事越千年"道出毛主席从曹操《观沧海》中同样感受到能吞吐日月、包涵星汉的广袤浩渺海洋的伟大，从而对海洋发出了无限赞叹。词的结尾"换了人间"，却表达出与曹操不一样的议论和感慨。同样都在吟诵海洋、歌唱海洋，但是，时代完全不同了，我们建设社会主义现代化国家的事业比曹操要统一中原的理想更加伟大。而且，作为豪情奔放的诗人和无产阶级革命领袖的毛泽东，一定还想到新时代的中国要重视海洋，必须向海洋进取。"我们正在做我们的前人从来没有做过的极其光荣伟大的事业。我们的目的一定要达到，我们的目的一定能够达到！"①

　　可是，客观地说，新生的中华人民共和国，当时确实还没有力量和时间去拓展海上航线、开发利用海上丰富资源，以只争朝夕的决心和豪迈气魄创造自己的海洋文明史。

　　1957年，新中国提前完成第一个"五年计划"，国家实力有了很大的增强，但与西方发达国家仍有着巨大的差距。一直到20世纪六七十年代，由于国力仍然不够强大、海防薄弱，国家的重点建设项目只能安放在距离沿海较远的云南、贵州、四川、陕西、甘肃、青海等内陆三线地方，谈不上对海洋的进军、开发和建设。

　　1958年9月4日，毛泽东主席签发了《中华人民共和国关于领海的声明》（以下简称《声明》），第一条就明确宣布"中华人民共和国的领海宽

---

① 《毛泽东文集》第六卷，人民出版社1999年版，第350页。

度为 12 海里"。自此，中国有了法定的领海宽度，也就厘定了中国蓝色疆域。《声明》对于切实维护中国海洋主权和海洋权益具有重大意义，功在当代，利在千秋。

但当时，国家没有精力和时间去多讲领海、说明蓝色国土的珍贵、制定从海洋大国建设成为海洋强国的发展战略。连教育和宣传部门在很多时候也都大多只讲我们国家的面积有 960 万平方公里，而不计较 300 万平方公里海洋国土。

100 多年前，西方侵略者不断从海洋上进逼，打开我们的国门，也有西方商人进来同中国人做生意。中国民间很多人习惯地把那些高鼻梁、蓝眼睛的外国人称作"洋人"，把他们的族群称为"海国"。这种习惯称谓一直到 20 世纪六七十年代还在中国民间存在，不少人便产生了错觉：好像西方人生下来就是属水的，理应在海洋上自由驰骋；而我们好像天生是属土的，只能永远待在陆地上，只要安分守己，男耕女织，世界即可永久和平。

如此等等，都是国人的思想观念未能进入"海洋中国"的现实和客观原因。

当然，新中国从没有忘记蓝色国土，一直珍惜自己的领海。毛泽东主席和党中央深知海防和对海洋的开发建设对于国家和民族的重要性。为了永远不再遭受帝国主义的侵略，为了沿海人民的生产发展和生活安全，新中国必须尽力巩固和壮大海防；必须抓紧建设强大的人民海军，守卫国家的门户，保证社会主义革命和建设的安全。

（五）提高全民海洋意识，树立"海洋中国"观念

思想观念是行动的先导。形成中国特色的全民海洋意识，树立"海洋中国"观念，是建设海洋强国重要的软实力。

形成中国特色的全民海洋意识，具体来说，就是要着力形成海洋国土意识、海洋经济意识、海洋环保意识、海洋权益意识和海洋合作意识，尤其要形成陆海密切关联的海洋国土意识。

要从狭隘的陆域国土空间思想转变为海陆一体空间思想，树立陆海统

筹理念，从根本上转变以陆看海、以陆定海的传统观念，使海洋国土观念深植于全体公民尤其是各级决策者的意识之中。

要通过各种有效的渠道和方法，使广大干部群众充分认识到，紧跟党中央的战略部署，深入了解海洋、经略海洋，积极投身于建设海洋强国热潮之中，是每个人应有的最基本的觉悟，是拥护党的领导、热爱祖国最重要的行为准则。

改革开放以来，中国实现了从站起来到富起来、强起来。党和国家从建设海洋强国战略高度出发，对蓝色国土的保护、开发建设越来越重视和关注。

1992 年 9 月 25 日，第七届全国人大常委会第二十四次会议通过了《中华人民共和国领海及毗邻区法》。国家再次用法律实践和人民海军的坚强战斗力，坚决捍卫自身的领海主权。

2002 年，江泽民同志在党的十六大报告中提出了"实施海洋开发"的战略部署。为推动这一战略的实施，2003 年 5 月 9 日，国务院批准并印发了《全国海洋经济发展规划纲要》，首次明确提出了"逐步把我国建设成为海洋经济强国"的宏伟目标。

之后，中国海洋开发与管理的法律、法规体系逐步建立。中国政府发布《中国海洋 21 世纪议程》《中国海洋事业的发展》白皮书，先后出台了《海洋观测预报管理条例》《全国海洋观测网规划（2014—2020 年）》《海洋气象发展规划（2016—2025 年）》等多项海洋规划和建设的法规、条例，标志着中国海洋事业走上重视和经略海洋、依法保护和治理蓝色国土、积极发展海洋经济的轨道。

1996—2001 年国家"九五计划"期间，沿海地区主要海洋产业总产值累计达到 1.7 万亿元，比"八五"时期增长了 1.5 倍，年均增长 16.2%，高于同期国民经济增长速度。2005 年全国海洋产业总产值已突破 1.6 万亿元，比 2004 年增加 7200 亿元，相当于国内生产总值的 4%，不断追赶世界平均水平。在 21 世纪，中国海洋经济已经成为国民经济的重要组成部分和新的经济增长点。在海洋经济强国战略的指引下，沿海各省出现逐鹿海洋、竞争海上、深度开发海洋资源的热潮。

党的十八大以来，以习近平同志为核心的党中央一直对海洋高度关注，十分重视祖国的蓝色国土。2012 年 11 月召开的党的十八大，专门做出建设海洋强国的重大部署。2013 年 7 月 30 日，习近平总书记在十八届中央政治局第八次集体学习时强调："建设海洋强国是中国特色社会主义事业的重要组成部分。"

增强全民族海洋意识是一项系统工程，必须多措并举，政府和社会各方坚持高站位、多层次、宽视野，不断共同努力。

一是要深入挖掘中华民族的海洋历史和传统海洋文化。中国利用海洋的历史源远流长，优秀传统海洋文化是中华民族的瑰宝。要加强对中国海洋历史和传统海洋文化的研究、宣传，并将其转化为教育内容和海洋文化资源，培养民众热爱海洋的情感，让他们认识到中国不仅是一个有悠久农耕文明的陆地国家，也是一个有悠久海洋文明的海洋国家。

二是要以和平、合作、共赢的中国特色海洋意识为导向，创新海洋新闻传播工作，做好海洋意识舆论引导。宣传、文化部门应该支持、督促报刊、广播电视和网络媒体开辟"关心海洋""认识海洋""认知祖国蓝色国土"等内容的专刊、专版、专栏、专题，一年四季坚持不断地对国民进行宣传教育。各级党校和各所大专院校都要重视对在职干部和在校师生的海洋知识、蓝色国土认知的普及教育，积极响应习近平总书记关于"必须进一步关心海洋、认识海洋、经略海洋"的号召，树立"海洋中国"的观念。

当前，在国民的教育中必须认真补上"海洋中国"这一重要课程，广泛地进行全民的海洋知识、蓝色国土认知的教育。应该从小孩子抓起，像普及历史知识、自然科学知识的教育那样，放进小学、中学的课本，使每一位中国公民从小就了解中国既是大陆大国，又是海洋大国，关心、热爱祖国的蓝色国土。

三是要建立健全增强全民海洋意识的工作机制。把增强全民海洋意识作为一项长期坚持的重点工作，纳入中央和地方的宣传思想教育工作体系和精神文明建设体系，健全相关规章制度和统筹协调机制，完善海洋宣传教育机构。依托涉海机构、各级各类媒体，健全海洋意识公众参与机制，提升公众亲海活动服务品质，形成亲海、爱海、强海的社会氛围。

四是要创新完善海洋精神文明的活动平台。以社会主义精神文明建设为导向，继续巩固"6·8"世界海洋日暨全国海洋宣传日、海洋知识"进教材，进课堂，进校园"等重要的海洋宣传活动和全国性的海洋赛事等品牌项目，打造高品质的海洋周、海洋节、开渔节、艺术节等海洋特色文化节庆活动，不断推陈出新，积极创作海洋文艺精品，结合海洋闲暇旅游产业发展，不断满足人民群众日益增长的海洋精神文化需求。

放眼远望，在21世纪，世界各国在发展海洋经济、开发海洋资源方面竞相发力。各国不但政府不断发力，而且十分重视对国民的教育，动员全民的力量支持开发建设海洋、开发海洋资源。

二、必须全面、科学认识海洋

神秘海洋是人类的未来和希望。我们要经略海洋，实现美好的梦想，就必须下决心全面、科学地认识海洋，对海洋有深刻的了解。

宇宙只有一个地球。地球的表面70%以上是海洋。是宽广的海洋把一块块陆地联系在一起的，使人类成为一个命运相关的共同体。

千万年来，地球表面陆地的各种资源，多数已经被人类开发、利用、破坏。现在，只有海洋的许多宝贵资源多数还未被人类发现和利用，也未曾受到严重破坏，成为人类的未来和希望。

人的认知和能力总是有限的，虽然人类往往抱有无限的欲望。

至今，人类对于地球表面陆地部分的科学认识，仍然没有完全，仍然有许多不足和缺漏。联合国公布的全球人口和动植物种类数目等情况，只有大概的统计数字，至于地球的地质结构、矿藏分布、什么地方什么时候发生大地震、什么时候会有强烈的火山喷发等，人们同样也只能是不断勘探、预测和估计。

那么，人类对比陆地面积大两倍多的浩瀚的海洋的科学认识，都清楚了吗？绝对没有。而且，对广大海洋深底的认识，人类更是至今知之甚少。可以说，人类至今对海洋深底的探索还是"瞎子摸象"。

海洋是神秘的，海洋资源却是非常丰富的。海洋宽广无边，海洋最深处（马里亚纳海沟）的深度超过1万米，大于陆地的最高峰（珠穆朗玛峰）的高度，海洋力大无比，海洋变幻莫测。人类害怕神秘狂暴的海洋，又热爱宽广浩瀚的海洋，须臾离不开海洋。

海洋，是人类寻求解决陆地资源匮乏、环境恶化、人口膨胀三大难题的希望所在。

（一）海洋有十分丰富的矿藏

根据统计，到目前为止，人类已经发现 210 多万种海洋生物，1.53 万种海洋鱼类。广阔海洋中存在的这些大量的海洋鱼类和海洋生物，成为我们人类最重要的食物、药物、营养品来源。

海床中蕴藏着丰富的铜、铁、金、银、铀、镁、锂等重金属矿产资源，还有各种宝石及稀有金属砂矿。这些是人类生产、生活所不可缺少的原材料。

海水中含有丰富的海水化学资源，已发现的海水化学物质有 80 多种。其中，11 种元素（氯、钠、镁、钾、硫、钙、溴、碳、锶、硼和氟）占海水中溶解物质总量 99.8% 以上，可提取的化学物质达 50 多种。在海底有着非常丰富的石油、天然气、可燃冰等能源。开发、科学利用海洋的这些能源为人类解决能源短缺问题提供了新的可靠的途径和方案。

（二）海洋有用之不尽的新能源

现代人类须臾离不开能源。

目前，人类在生产能源和使用能源过程中的碳排放造成的污染，已经使全球变暖，冰川在不断消融，海平面也在不断上升，频频发生的特大暴雨所造成的洪涝灾害、气候反常所造成的严重旱灾，一切的一切都在威胁着人类的生存。"温室效应"已经成为现代社会的一个迫在眉睫的问题。

那么，造成"温室效应"的原因是什么呢？就是人类大量使用化石能源如煤、石油等，排放出大量的二氧化碳等多种温室气体。这些温室气体对来自太阳辐射的可见光具有高度的透过性，对地球反射出来的长波辐射具有高度的吸收性，也就是常说的"温室效应"。碳排放是关于温室气体排放的一个总称或简称。科学家和各国政府公认温室气体已经并将继续给

地球和人类带来灾难，所以一定要尽力减少或者控制碳排放。而要减少或者控制碳排放，就必须减少或控制使用煤、石油等化石能源，使用不会大量排放二氧化碳的新能源。可是，这容易做到吗？从哪里找到新能源来代替化石能源？

浩瀚的大海就有取之不尽、用之不竭，有自己独特的方式与形态的海洋能源——潮汐能、波浪能、海流能、海水温差能、盐度差能等——也就是海洋动能、势能、热能、物理化学能。科学地充分利用这些新能源，足以解决人类目前的能源危机，还能够为人类未来创造一个相对洁净的生活世界。

潮汐能——利用海水有规律的涨落差进行发电产生能源。据公开资料显示，中国潮汐能资源蕴藏量约为1.1亿千瓦，可开发总装机容量为2179万千瓦，年发电量可达624亿千瓦时，容量在500千瓦以上的站点共191处，可开发总装机容量为2158万千瓦，主要集中在广东、广西、海南、福建、浙江、江苏、山东等省（区）的沿海地区。2012年，中国就制定《可再生能源发展"十二五"规划》，提出"十二五"期间，中国将"发挥潮汐能技术和产业较为成熟的优势，在具备条件地区，建设1～2个万千瓦级潮汐能电站和若干潮流能并网示范电站，形成与海洋及沿岸生态保护和综合利用相协调的利用体系"。10多年来，浙江、福建、广东、广西等地已经在利用海洋潮汐能方面进行积极的探索和试验。

波浪能——以波浪的能量为动力生产电能。海洋波浪蕴藏着巨大的能量，1799年，法国的吉拉德父子获得了利用波浪能的首项专利。1910年，法国的波契克斯·普莱西克建造了一套气动式波浪能发电装置，为他自己的住宅供应了1千瓦的电力。1965年，日本的益田善雄发明了导航灯浮标用汽轮机波浪能发电装置，并将其推广，成为首先商品化的波浪能发电装置。受1973年世界石油危机的刺激，从20世纪70年代中期起，英国、日本、挪威等波浪能资源丰富的国家，把利用波浪能发电作为解决未来能源的重要一环，对其大力研究开发。在英国，索尔特发明了"点头鸭"装置，科克里尔发明了波面筏装置，国家工程试验室发明了振荡水柱装置，考文垂理工学院发明了海蚌装置。1978年，日本建造了一艘长80米、宽12米、高5.5米，被称为"海明号"的波浪能发电船。该船有22个底部敞开的气室，每两个气室可装设一台额定功率为 125 千瓦的汽轮机发电机组。1985 年，中国成功研制出采用对称翼汽轮机的新一代导航灯浮标用的波浪能发电装置。挪威在卑尔根附近的奥依加登岛建成了一座装机容量为 250 千瓦的收缩斜坡聚焦波道式波浪能发电站和一座装机容量为 500 千瓦的振荡水柱气动式波浪能发电站，标志着波浪能发电站实用化的开始。

海流能——海流也称为"洋流"，海流主要是因为太阳对海面照射不同或海水盐度不均而产生的对流现象，海水从一个海域长距离地流向另一个海域。有不少国家已经通过某些科学装置，利用海洋和海峡中较为稳定的海流所携带着巨大的能量进行发电。

海水温差能——利用表层海水与深层海水的温度不同进行发电。1881 年 9 月，这一设想由法国生物物理学家达松瓦尔首先提出。1926 年 11 月，法国科学院建立一座实验温差发电站，证实了达松瓦尔的设想。2012 年 1 月，中国国家海洋局第一海洋研究所的"15 千瓦温差能发电装置研究及试验"课题在青岛通过验收，标志着中国成为第三个独立掌握海水温差能发电技术的国家。

盐度差能——盐度差能是指海水和淡水之间或两种含盐度不同的海水之间的化学电位差能，是以化学能形态出现的海洋能，主要存在于河海交接处。同时，在淡水丰富地区的盐湖和地下盐矿也可以利用盐度差能。盐度差能是海洋能中能量密度最大的一种可再生能源。中国河流江海众多，径流量大，无凝浓度差能资源有较大储量，应该积极开发、利用。

上述列举的丰富的海洋能源，属于再生性能源，既不会枯竭，也不会在能源利用过程中产生新的污染。如今人类最需要的就是这类再生新能源。中国明确提出 2030 年碳达峰与 2060 年碳中和目标，要实现这两个目标，就需要积极地对这种海洋再生新能源进行研究、开发、利用。

（三）海洋还是人类未来最大的粮仓

人类正面临资源短缺、土地受污染、耕地不足，担心以后吃不饱肚子的严重问题。根据联合国粮农组织统计数据库（FAOSTAT）公布的资料，世界陆地上可耕地面积为 15.0151 亿公顷，人均耕地面积约 0.23 公顷。

世界耕地面积前五位的国家分别是：美国、印度、加拿大、中国、俄罗斯。美国可耕地达 1.9745 亿公顷，占世界耕地总面积的 13.15%，是世界上耕地面积和人均耕地面积（0.7 公顷，是世界人均标准的 2.9 倍）最多的国家。而美国的人口在不断增加，需要的粮食也在不断增加，而且美国还要出口粮食到别的国家以换取生活和生产的必需品，这种"世界上耕地面积和人均耕地面积最多"的优势又能支撑到几时？

中国耕地总面积为 1.282 亿公顷，人均耕地面积为 0.101 公顷。国务院印发的《全国土地利用总体规划纲要（2006—2020 年)》，其核心是确保 18 亿亩耕地红线。中国耕地保有量到 2010 年和 2020 年分别保持在 18.18 亿亩和 18.05 亿亩，确保 15.60 亿亩基本农田数量不减少。围绕守住 18 亿亩耕地红线，严格控制耕地流失，加大补充耕地的力度，加强基本农田建设和保护，强化耕地质量建设，统筹安排其他农用地，努力提高农用地综合生产能力和利用效益。

而目前的实际情况是，有不少地方为了推进城市化，为了保证和增加地方财政收入，总是想方设法打"擦边球"、踩"耕地红线"。中国的耕地已经不可能大量增加，却可能不断减少。以农为生的农民像珍惜自己生命一样珍惜自己赖以生存的耕地，对每一寸土地精心经营，力求生产出更多的粮食和其他果蔬，除了养活自己，还可以到市场换取一点钱，改善自己的生活。

可以说，中国的耕地开发利用已经接近极限。为了保证人民的基本生活需要，中国每年还要花大笔外汇在国外购买粮食和农副产品，尤其是向世界上耕地面积与人均耕地面枳名列前茅的美国、加拿大、巴西等购买大量的小麦、大豆等粮食及其附属产品。这对于一个强调独立自主的人口大国来说，绝对不是长久之策。

在对地球陆地的耕地开发已经接近极限表示担忧之时，人类发现地球上还有广阔的海洋可供开发生产粮食，大海完全可以成为人类未来的粮仓。

中国就有 3500 多万亩沿海滩涂、15 亿亩内陆盐碱地可以开发和种植粮食。20 世纪 80 年代中期，广东省湛江市农业专家陈日胜在广东海洋大学的支持帮助下，开始在遂溪虎头坡海滩试验种植水稻，取得成功后，又在粤西的雷州半岛沿海推广。21世纪初，中国杂交水稻之父、中国工程院院士袁隆平开始在山东沿海滩涂试验种植盐碱水稻，每亩产量达到300公斤。现在，在政府的支持下，广东、广西、福建、浙江、江苏、天津、山东等省（区）的海边滩涂已经大面积推广种植海水稻。内蒙古、新疆、东北三省的盐碱地水稻种植也取得成功，已经育成多个品系的高产品种。推广种植海水稻，既可改善盐碱地土壤，又能生产更多的粮食，造福中国，造福世界。

说海洋是人类的另一大"粮仓"，还有一层更深的意义。它与传统意义上的玉米、小麦、稻米等粮食不同，是指其他更广泛的能提供人类所需营养的食物。有海洋学家指出，位于近海水域的藻类，年产量相当于目前世界上小麦总产量的15倍以上。如果把这些藻类加工成食品，就能够提供人体需要的蛋白质。其实，把藻类作为食品在人们的生活并不是新鲜事。中国沿海地区居民比较熟悉的海带、裙带菜、羊栖菜、紫菜、鹧鸪菜、石莼等，都早已经成为人们餐桌上的美食。近年来，这些食用藻类在精心的人工养殖下产量不断增加，光海带的人工养殖产量就比野生的高出200倍。至于海洋中众多的鱼虾，更是人们熟悉的食物。所以说，海洋是人类未来取之不尽的粮仓。

海洋远不只给人类提供新能源、提供粮食，海洋运输是人类最便捷、最广泛也是最廉价的交通运输载体。

人类利用海洋的各种资源吃饱喝足了，还要通过海洋进行观光旅游。

总之，人类的衣、食、住、行，样样都离不开海洋。人类的生存、发展，一刻也离不开海洋。"海洋对人类社会生存和发展具有重要意义。海洋孕育了生命、联通了世界、促进了发展。"①

全面、科学认识海洋，保护海洋，科学地利用海洋的丰富资源，是新世纪人类的职责、未来和希望，更是作为海洋大国的中国及其人民的应有志气和情怀。

---

① 《习近平致中国海洋经济博览会的贺信》，新华网，2019年10月15日，http://www. xin-huanet. com/politics/leaders/2019 – 10/15/c_1125106804. htm。

三、陆海并进，突出主题，锲而不舍

今天的中国要建设海洋强国，必须坚持陆海统筹、人海和谐、合作共赢，协同推进海洋生态保护、海洋经济发展和海洋权益维护。在以习近平同志为核心的党中央的领导下，全国一盘棋，综合大陆大国和海洋大国这两方面的优势，同时发力，突出建设海洋大国主题和重点，集中力量攻克海洋科技、海洋经济、海洋军事上的难关，锲而不舍，奋发向前。

（一）中国要具备什么条件才能成为真正的海洋强国？

几年前，有专家学者从海洋经济、海洋科技、海洋军事、海洋资源等方面进行认真研究、详细分析，认为当今世界上有十大海洋强国，分别是美国、俄罗斯、英国、日本、法国、中国、澳大利亚、加拿大、印度、韩国。这个研究分析结果得到国内外许多权威机构的认可。

按照其分析：中国海洋资源得分排在第六名，前五名分别是澳大利亚、加拿大、俄罗斯、美国、英国；中国的海洋军事得分排在第六名，前五名分别是美国、俄罗斯、英国、日本、法国；中国的海洋科技得分排在第八名，前七名分别是美国、日本、英国、法国、俄罗斯、韩国、加拿大；中国的海洋经济得分排在第三名（主要是鱼、盐等传统海洋产业总量大），排在前两名的是美国、日本。综合各项指标，中国排在第六名。

从目前世界在海洋发展实力的实际来看，上述各国排位的情况并没有出现重大变化。中国这几年在海洋科技、海洋军事方面有明显进步，但还不足以超越排在前面的世界海洋强国。

中国在世界海洋发展综合实力仍然只能排在第六名，而且海洋科技实力还落到第八位，自然不能算是真正的海洋强国。

那么，中国要具备什么样的条件才能算是真正的海洋强国？

根据党的十八大以来党中央关于建设海洋强国的要求和"十四五"规划纲要第三十三章"海洋专章"的指引，中国要达到现代海洋强国必须具备的条件主要有：

第一，强大的海洋军事实力是保卫国家安全，包括保护中国海洋资源不受掠夺的根本保证。中国有300万平方公里的管辖海域，有各式各样丰富的海洋资源。这是祖宗留下来的宝藏。由于旧中国没有强大的海洋军事力量，中国的这些丰富海洋资源不但得不到有效开发利用，还被一些国家霸占。俗话说得好，"打铁还需自身硬"，中国必须拥有世界一流的强大军事实力，才能保卫我国合理合法拥有的丰富海洋资源，保证国家能够安全、持续地对丰富的海洋资源进行开发利用。同时，强大的国家海洋军事力量，可以使国家的安全得到真正的保证，海洋开发建设成果才能给国民大众带来强大的安全感、幸福感和自豪感。

第二，建设现代海洋产业体系。围绕海洋工程、海洋资源、海洋环境等领域突破一批关键核心技术，培育壮大海洋工程装备、海洋生物医药产业，推进海水淡化和海洋能规模化利用，提高海洋文化旅游资源开发水平。目前，中国尤其要优化近海绿色养殖布局，建设海洋牧场，发展可持续远洋渔业；建设一批高质量海洋经济发展示范区和特色化海洋产业集群，全面提高北部、东部、南部三大海洋经济圈发展水平；必须和能够对丰富的海洋资源进行高效、可持续的开发和利用；要力争使海洋经济成为国家经济新的重要增长点，海洋经济总量占国家经济总量的比例远高于世界各国水平。

第三，打造有利于可持续发展的海洋生态环境。建立沿海、流域、海域协同一体的综合治理体系，在海洋基本法立法方面取得新的进展。严格围填海管控，加强海岸带综合管理，滨海湿地得到有效保护；入海污染物排放总量控制在适当范围内，保障入海河流断面水质，完善海岸线保护、海域和无居民海岛有偿使用制度；建立海岸建筑退缩线制度和海洋生态环境损害赔偿制度，自然岸线保有率不低于35%。通过不断的海洋科技创新，使中国的海洋开发和建设技术居于世界一流，在开发利用丰富的潮汐能、波浪能、海流能、海水温差能、盐度差能等方面取得重大成效，为中国实现碳减排、碳中和做出重大贡献。

第四，深度参与全球海洋治理。积极发展蓝色伙伴关系，深度参与国际海洋治理机制和相关规则的制定与实施，推动建设公正合理的国际海洋秩序，推动构建海洋命运共同体。以沿海经济带为支撑，深化与周边国家的涉海合作。深化与沿海国家在海洋环境监测和保护、科学研究和海上搜

救等领域的务实合作，加强深海战略性资源和生物多样性调查评价。参与北极务实合作，建设"冰上丝绸之路"。提高参与南极保护和利用的能力。加强形势研判、风险防范和法理斗争，加强海事司法建设，坚决维护国家的海洋权益。

第五，国民的海洋认知度不断提高。不但热爱"大陆大国"的中国，而且热爱"海洋大国"的中国，热情支持、积极参与对海洋资源的开发和建设。让"海洋中国"观念深入人心，每个中国人都能够像保卫陆地领土那样，奋不顾身地保卫祖国的海洋领土。树立强烈的国民海洋意识，是促进海洋强国事业持续不断发展的思想保障。

（二）必须陆海并进，科技创新，锲而不舍

目前，必须承认中国的海洋军事实力与世界的主要海洋强国还有差距，海洋科技、海洋经济等方面远未能达到世界先进水平。

中国要达到海洋强国的条件和目标，不是轻而易举就能实现的，必须陆海并进、科技创新、锲而不舍，通过一代又一代人长期的艰苦奋斗去实现。

第一，必须全国一盘棋，陆海并进。建设海洋强国是全党、全民的大事，是时代的要求，是党的号召。建设海洋强国必须在党中央的统一领导下，全国一盘棋，四面八方步调一致，陆海并进。各行各业都积极行动，人人尽责尽力，奋勇向前。

要建立完善陆海统筹的空间规划体系和基本原则，坚持陆海统筹，建立完善陆海统筹的空间规划体系，牢固树立大生态、大空间、大保护的理念。要着眼于构建山水林田湖草沙生命共同体，科学划定生态红线，严守生态功能保障基线、环境质量安全底线和自然资源利用上线。要明确海洋国土在空间规划体系中的地位，探索规划对象、规划功能和规划用途管制一体化格局，构建陆海统筹的国土空间开发与管制框架体系，建立陆海资源、产业、空间互动协调发展新格局。要统筹陆域开发与海域利用，统筹推进海岸带和海岛开发建设，统筹近海与远海开发利用，优化海洋开发和保护格局。要加快推进重点海域综合治理，构建流域—河口—近岸海域污

染防治联动机制，推进美丽海湾的保护与建设，防范海上溢油、危险化学品泄漏等重大环境风险，提升应对海洋自然灾害和突发环境事件的能力。

今天的中国已经不是70多年前落后的中国。中国已经是仅次于美国的世界第二大经济体。中国在科技上、军事上也已跃上世界前列，虽然在海洋科技、海洋军事等方面还落后于美国、俄罗斯、英国等国家，但已经不像60多年前那样只能望洋兴叹，而是能够充分发挥社会主义集中力量办大事的优势，调动全国的人才、技术和财力、物力，集中攻克海洋技术的创新难关。

今天，我们必须协调、整合陆海资源，统一调配陆海人才，陆海力量同时发力，齐心协力创造各种必要条件，在海洋经济、海洋科技、海洋军事、海洋文化等方面实现科学的先进的总体目标。一定要坚持历史唯物主义和辩证唯物主义的马克思主义世界观，正确处理大陆大国优势和海洋大国优势两者的关系。新时代，必须抓住建设海洋强国这个主要矛盾，围绕党的十八大提出的建设海洋强国这个主题做文章，谋篇布局都要服从建设海洋强国这个主题，不能顾此失彼，不能轻重倒置。

第二，"发展海洋经济、海洋科研是推动我们强国战略很重要的一个方面，一定要抓好。关键的技术要靠我们自主来研发，海洋经济的发展前途无量"①。

当前，世界各国的海洋竞争，主要是海洋科技竞争。海洋技术先进，才能抢得海洋资源开发的先机，在发展海洋经济上坐上头班快车。

海洋科技不但对中国的海洋经济、海洋军事起着重要作用，而且对我们建设社会主义强国也有着十分重要的作用。所以，习近平总书记反复强调："海洋经济、海洋科技将来是一个重要主攻方向，从陆域到海域都有我们未知的领域，有很大的潜力。"②

创新海洋科技，必须有足够的优秀海洋人才。而目前中国的海洋人才相对短缺。有了大量的优秀海洋科技人才，积极创新海洋科技，才能提高

---

① 《习近平：建设海洋强国，我一直有这样一个信念》，新华网，2018年6月12日，http://www.xinhuanet.com/politics/2018 - 06/12/c_1122975977.htm。

② 《习近平：建设海洋强国，我一直有这样一个信念》，新华网，2018年6月12日，http://www.xinhuanet.com/politics/2018 - 06/12/c_1122975977.htm。

海洋资源开发能力，着力推动海洋经济向质量效益型转变。而培养大批优秀海洋科技人才，并不是一朝一夕就可以做到，必须政府、院校、科研机构等不同部门通力合作，必须长时间耐心地投入，必须在国民教育中开展广泛深入的"海洋中国"教育，鼓励更多青年人热情学习钻研海洋科技，从事海洋科技事业。

有了国家强大的工业做基础，又有先进的海洋科技和足够的科技人才做支撑，就能建设强大的世界一流海军，在建设海洋强国的过程中提供强有力的安全保障。

第三，推动海洋开发方式转变，保护海洋生态环境。这是当前最为艰巨和复杂的工作任务。

2017 年年初，国务院印发《全国国土规划纲要（2016—2030 年)》。国土资源部规划司负责人在接受媒体采访时指出，在整个规划目标里面特别强调注重陆海统筹，建设海洋强国，海洋经济不断壮大。对于国土原来谈陆地谈得比较多，这次把海域一并考虑，是一个完整的国土空间，注重陆海统筹，建设海洋强国，海洋经济不断壮大，海洋环境质量持续改善，这样总体上实现国土空间治理能力现代化。

2017 年 11 月，中共中央办公厅、国务院办公厅印发《领导干部自然资源资产离任审计规定（试行)》（以下简称《规定》)，对领导干部贯彻执行中央生态文明建设方针政策和决策部署情况在其离任时展开审计，包括领导干部在任时遵守自然资源资产管理和生态环境保护法律法规情况、自然资源资产管理和生态环境保护重大决策情况、完成自然资源资产管理和生态环境保护目标情况、履行自然资源资产管理和生态环境保护监督责任情况、组织自然资源资产和生态环境保护相关资金征管用和项目建设运行情况等。《规定》对在沿海地区担任领导职务的党政干部开展保护海洋绿色生态环境工作，是警示，是督促，也是鼓励。

对中国来说，保护绿色可持续发展的海洋生态环境，是当前最为紧迫的重要任务，又是必须政府、企业、群众共同努力的最为艰巨的任务。开发利用海洋资源，一定要注重保护海洋生态环境，从而让海洋更好地造福我们的子孙后代，绝不可以贪一时之利、一己之功而破坏海洋生态环境，造成无可挽回的灾难和损失。

海洋资源配置不可以完全由市场决定，政府必须坚持保护绿色可持续发展生态环境的原则，合理处置。现实中，有的地方政府为了地方的局部利益，在海洋资源开发利用过程中不注意对绿色海洋环境的保护，甚至随意破坏海洋自然环境。还有的企业为牟取利益，不惜破坏海洋生态环境，同时为避开环保部门的监管措施，往往会采取一些不正当、不合法的手段，这又往往会涉及反腐倡廉的复杂政治问题。

保护绿色海洋生态环境，不能就海洋讲海洋，不能以事论事，一定要法律、政治纪律手段和有针对性的文化宣传教育并举，并且长期坚持，工作认真细致。贯彻落实习近平总书记关于保护绿色海洋生态环境的指示和要求，一定不能松懈，一定要坚持到底。

四、写好海上丝路新篇章

我们要经略海洋，建设海洋强国，就要按照党中央和习近平总书记的要求，写好21世纪海上丝路新篇章。这也是建设海洋强国的重要内容和任务。

践行"人类命运共同体"理念，要同"海洋命运共同体"理念联系在一起。"我们人类居住的这个蓝色星球，不是被海洋分割成了各个孤岛，而是被海洋联结成了命运共同体，各国人民安危与共。"只有陆地山河和海洋都得到爱惜、保护，人类才能共同过上和平、安康、幸福的生活。

在人类赖以生存和活动的地球表面，海洋是最大的部分。如果人类不珍惜海洋，不能公平合理地分配海洋资源，使海洋遭受破坏甚至毁灭的命运，则人类必定要走向自我灭亡的厄运。

两千多年前，我们的先辈扬帆远航，穿越惊涛骇浪，闯荡出连接东西方的海上丝绸之路，与东南亚、印度半岛、阿拉伯半岛、朝鲜半岛、日本乃至非洲等许多沿海国家和民族互通有无，平等交往，结下真诚的友谊。一代又一代海上"丝路人"拉起了东西方合作的纽带、架起了和平的桥梁，为世界文明的进步做出了不可磨灭的贡献。

今天，我们在建设海洋强国、践行"人类命运共同体"和"海洋命运共同体"的时候，一定要发扬"一带一路"精神，写好21世纪海上丝

路新篇章，为世界的和平与发展做出新的贡献。

（一）重大倡议，亲力亲为，硕果累累

2013年秋，中国国家主席习近平出国访问考察，西行哈萨克斯坦、南下印度尼西亚，先后在重要的外交场合提出建设"丝绸之路经济带"和"21世纪海上丝绸之路"的重大倡议。

之后，习近平总书记心里一直记挂着建设发展"一带一路"这件大事，并且亲力亲为。他反复宣讲、嘱咐，不断督促、推进中国带头落实建设"一带一路"这件大事。

2013年冬，党的十八届三中全会召开，审议通过《中共中央关于全面深化改革若干重大问题的决定》，其中就明确提出要"推进丝绸之路经济带、海上丝绸之路建设"。

2015年3月28日，国家发展改革委、外交部、商务部经国务院授权发布《推动共建丝绸之路经济带和21世纪海上丝绸之路的愿景与行动》，提出：加快"一带一路"建设，有利于促进沿线各国经济繁荣与区域经济合作，加强不同文明交流互鉴，促进世界和平发展，是一项造福世界各国人民的伟大事业；"一带一路"倡议是一项系统工程，要坚持共商、共建、共享原则，积极推进沿线国家发展战略的相互对接。为推进实施"一带一路"重大倡议，让古丝绸之路焕发新的生机活力，要以新的形式使亚欧非各国联系更加紧密，互利合作迈向新的历史高度。

2017年4月，习近平总书记在广西北海考察时，要求北海打造好向海经济，把新世纪海上丝绸之路新篇章写好写实。

2017年4月19日，习近平总书记到广西壮族自治区考察调研，首站来到北海市。在合浦汉代文化博物馆，习近平总书记参观了海上丝绸之路文物精品展览。陶器、青铜器、金银器、水晶玛瑙、琥珀松石……一件件当地出土的文物，见证了合浦作为海上丝绸之路早期始发港的历史。习近平总书记详细了解文物的年代、特点、来源，询问古代海上丝绸之路贸易往来、文化交流有关情况，说这里有着深厚的文化底蕴。

在铁山港公用码头，习近平总书记同工人们亲切交谈。他说，今天考

察了合浦汉代文化博物馆和铁山港码头，这都与"一带一路"有着重要联系，北海具有古代海上丝绸之路的历史底蕴，我们现在要写好新世纪海上丝路新篇章。"一带一路"倡议提出以来，国际社会广泛响应，这是人心所向。我们要在"一带一路"框架下推动中国大开放大开发，进而推动实现"两个一百年"奋斗目标、实现中华民族伟大复兴，携手同心共圆中国梦。

2017年5月14日，习近平主席在北京"一带一路"国际合作高峰论坛开幕式上发表演讲，指出："古丝绸之路绵亘万里，延续千年，积淀了以和平合作、开放包容、互学互鉴、互利共赢为核心的丝路精神。这是人类文明的宝贵遗产。"

2019年4月23日，习近平主席在青岛集体会见应邀出席中国人民解放军海军成立70周年多国海军活动的外方代表团团长时，首次提出"海洋命运共同体"重要理念。他指出，"我们人类居住的这个蓝色星球，不是被海洋分割成了各个孤岛，而是被海洋联结成了命运共同体，各国人民安危与共"，"大家应该相互尊重、平等相待、增进互信，加强海上对话交流，深化海军务实合作，走互利共赢的海上安全之路，携手应对各类海上共同威胁和挑战，合力维护海洋和平安宁"。

习近平总书记还先后3次出席"一带一路"建设座谈会并发表重要讲话。每一次座谈会，他都有进一步的总结，提出推进"一带一路"建设的新要求。

2016年首次座谈会是"推进'一带一路'建设工作座谈会"，习近平总书记在会上提出，要让"一带一路"建设造福沿线各国人民。

2018年第二次座谈会是"推进'一带一路'建设工作5周年座谈会"，习近平总书记在会上强调要推动共建"一带一路"走深走实，造福人民。

2021年"第三次'一带一路'建设座谈会"，习近平总书记把脉定向，指出："一带一路"建设要以高标准、可持续、惠民生为目标，要将"造福人民、惠及民生"写在"一带一路"建设的宏伟画卷上。

2021年11月16日发布的《中共中央关于党的百年奋斗重大成就和历史经验的决议》，是一个历史性的重要文献，其中用了"当今世界深受欢

迎的国际公共产品和国际合作平台"22 个字描述"一带一路"。可想而知，"一带一路"在中华民族复兴之路上是一个多么重要的里程碑。

10 年前，推进"一带一路"建设的重大倡议，不仅因为其提倡者是中国的最高领导人，还因为它顺应时代潮流、适应发展规律、符合各国人民利益；还因为这是一条和平之路、繁荣之路、开放之路、绿色之路、创新之路、文明之路。所以"一带一路"倡议得到国际上的普遍支持和热烈反响，习近平主席提出"一带一路"倡议之后的短短几年，全球就已经有 100 多个国家和国际组织积极支持和参与"一带一路"建设，联合国大会、联合国安理会等的重要决议也纳入"一带一路"建设内容。"一带一路"建设在世界上逐渐从理念转化为行动，从愿景转变为现实，取得丰硕成果。

10 年来，中国已同 140 国家和 36 个国际组织签订了 206 个"一带一路"合作文件，建立了 90 多个双边合作机制；中国已同日本、意大利等 14 国签订了第三方市场合作文件。有关合作理念和主张已经写入联合国、20 国集团、亚太经合组织、上海合作组织等重要国际组织的成果文件。截至 2021 年 9 月，中国与沿线国家的货物贸易额累计达 10.4 万亿美元，对沿线国家非金融类直接投资超过 1300 亿美元。中欧班列已实现月行千列、年行万列，截至 2021 年 10 月，已铺画 73 条运行线路，通达 23 个国家的 175 个城市，累计开行超过 4.6 万列。自新冠疫情暴发以来，中国已经向 110 多个国家提供了超过 17 亿剂新冠疫苗，同 30 个国家发起"一带一路"疫苗合作伙伴倡议。据世界银行调研报告，"一带一路"倡议将使参与国贸易额增长 2.8%～9.7%，全球贸易额增长 1.7%～6.2%，全球收入增加 0.7%～2.9%。世界银行估计，至 2035 年，"一带一路"建设有望帮助全球 760 万人摆脱极端贫困，帮助 3200 万人摆脱中度贫困，成为人类的"减贫之路"……①

正如习近平总书记 2021 年 11 月 19 日在"第三次'一带一路'建设座谈会"上所强调的，"8 年来，在党中央坚强领导下，我们统筹谋划推

---

① 吴志成：《凝聚全球发展共识 携手共建更加美好的世界》，《光明日报》2022 年 4 月 29 日第 12 版。

动高质量发展、构建新发展格局和共建'一带一路'，坚持共商共建共享原则，把基础设施'硬联通'作为重要方向，把规则标准'软联通'作为重要支撑，把同共建国家人民'心联通'作为重要基础，推动共建'一带一路'高质量发展，取得实打实、沉甸甸的成就。通过共建'一带一路'，提高了国内各区域开放水平，拓展了对外开放领域，推动了制度型开放，构建了广泛的朋友圈，探索了促进共同发展的新路子，实现了同共建国家互利共赢"①。

（二）智者乐水，海丝流长

"仁者乐山，智者乐水。""一带一路"是陆上"丝绸之路经济带"和海洋"21世纪海上丝绸之路"的简称。"丝绸之路经济带"和"21世纪海上丝绸之路"，虽然提法不一样，推进的具体路径和方法有所不同，但两者的目标和任务是一致的，都是要将"一带一路"建成和平之路、繁荣之路、开放之路、绿色之路、创新之路、文明之路。

从中国出发的"一带一路"贯穿亚欧大陆，东边连接亚太经济圈，西边进入欧洲经济圈。无论是发展经济、改善民生，还是文化交流、文明提升，许多沿线国家同中国都有共同要求、共同利益。历史上，陆上丝绸之路和海上丝绸之路不但是中国通向中亚、东南亚、南亚、西亚、东非、欧洲经贸的大通道，而且是人类社会文化交流的大平台。多民族、多种族、多宗教、多文化在这"一带一路"上交汇融合，为促进人类文明进步做出重要贡献。

陆地上的"丝绸之路经济带"不断延伸、扩展，形成通达五大洲的繁荣经济带，必然带动和促进"21世纪海上丝绸之路"更加兴旺发达；海上丝路又能够以独特的优势、弥补陆上丝路在交通上多受阻滞、运输量小的不足，与陆上丝路共通互补。"一带"和"一路"是缺一不可的。

"在中亚，'伊斯兰之境'与唐王朝三部边界接壤……在两大文明直

---

① 《习主席讲"一带一路"高质量发展 国际社会强烈共鸣》，新华网，2021年11月19日，http://www.xinhuanet.com/world/2021 – 11/21/c_1211455508.htm。

接接触的时期，由于二者内部的剧变，……横跨中亚的陆上丝绸之路转移到海上丝绸之路。这条海上贸易航线从东南亚延伸到东北亚，连接了众多繁荣的市场。"①

"伊斯坦布尔是陆上丝路和海上丝路的交汇点。海上丝路从霍尔木兹海峡进入波斯湾，从伊拉克转陆路，最终在伊斯坦布尔与陆上丝路会合。陆上丝路经过的国家较多，常因战争受阻，尤其唐代中后期以后，就更多地依靠海上丝路来交往。托普卡帕宫中的瓷器说明卡，表明许多瓷器是从海上经印度洋从海上运来的。伊斯坦布尔能成为世界上中国古代瓷器最多的地方，原因之一在于它是丝绸之路的终点站。"②

以上著作的描述，正说明陆上丝路和海上丝路的共通互补作用，而海上丝路在特殊时期、特殊地方往往能发挥重要作用，使"一带一路"更加宽广、繁荣，前景更光明。建设海上丝路，写好 21 世纪新篇章，有其独特的重要意义。

"智者乐水"。水何澹澹，水何汹涌，水力千钧，洋路无边。聪明者喜欢水的柔顺性格，智慧者则善于利用无边无际海洋的无穷无尽力量，避免陆地上的山岭沟壑阻隔，直达四海，连接五洲，互通有无，结交朋友，建立友谊。

海上丝路历史悠久，源远流长。泉州是中国古代海上丝路在东海的始发点。广州、徐闻、北海、合浦是中国古代海上丝路在南海的始发点。两千多年前，古人就乘坐航船从这些港口出发，漂洋过海，与亚洲、欧洲、非洲的诸多国家的人民互通有无，结交朋友，建立友谊，传播中华传统文化。今天，中国与东盟各国乃至日本、朝鲜、韩国等亚太国家的合作的成就，得益于双方地缘相近、人文相通等得天独厚的条件，更离不开古人开辟的丝绸之路所指引的航向、航路。

今古的历史是相通的。只要各国之间相互尊重，坚守国际关系基本准则，平等相待，和合与共，合作共赢，就能增进地区融合发展和人民福祉。

---

① ［美］林肯·佩恩：《海洋与文明》，陈建军、罗燚英译，天津人民出版社 2017 年版，第 269 页。

② 顾涧清、吴国庆等：《海上丝路经典城市互联互通概览》，广东人民出版社 2020 年版，第 71 页。

中国与东盟各国的合作，海上丝路是最早而又贯穿始终的纽带。在没有雅万高铁、中老铁路等一大批陆上共建丝路的现代基础设施之前，中国与东盟的互通有无、人文交往主要是通过海上丝路进行的。有了雅万高铁、中老铁路等一大批陆上共建丝路的基础设施，加上瓜达尔港等一批海上丝路共建项目的扎实推进，中国又倡议设立亚投行、丝路基金等金融机构，为基础设施建设拓展资金渠道，水陆并进，使中国与东盟的合作更加紧密，双方建立了持续的信任关系和对话机制。

30 年前，中国和东盟互为最大规模的贸易伙伴、最具活力的合作伙伴、最富内涵的战略伙伴。30 年间，从不足 80 亿美元到 6846 亿美元，双方贸易规模扩大了 85 倍，相互累计投资则超过 3100 亿美元。马来西亚的榴梿、泰国的椰子、印度尼西亚的山竹、越南的火龙果等，大批进口到中国，进入中国的千家万户，丰富了百姓的餐桌，同时又兴旺了东南亚的水果市场和生产。中国的服装、手机、家电、玩具等，在东盟各国的市场上备受欢迎。从修路架桥、建设港口到扶贫减贫，丰硕的合作成果加深了东盟和中国 20 亿民众的"获得感"。

"路遥知马力，日久见人心。"中国与东盟通过"一带一路"的合作所产生的作用和影响力在应对危机时效果更为凸显。在中国抗击新冠疫情最艰难的时刻，东盟国家伸出援手，捐款捐物。东盟国家出现疫情反弹时，中国积极行动，向东盟 10 国提供超过 3.6 亿剂新冠疫苗和大量抗疫物资。在积极抗疫的同时，双方于 2020 年实现互为最大贸易伙伴的历史性成就。东盟国家更期待中国能够为本国经济复苏注入动力。随着战略互信大幅提升，中国与东盟在政治安全、经济、社会文化、地区和国际等方方面面或有新的举措，双方的合作前景更为可期。

2021 年 9 月 22 日发表的《中国—东盟建立对话关系 30 周年纪念峰会联合声明》，描绘出双方合作的广阔前景。"探讨同'一带一路'倡议开展互利合作""加强中国东盟疫后合作""发展全面积极的经济关系""强化区域供应链""启动中国东盟技术合作协议谈判"等表述，指明新的动力所在。

海上丝绸之路源远流长，彩练飞舞，光辉灿烂，造福沿海各国人民，得到广泛的认同和支持。

"一带一路"何以成就斐然？一个重要缘由是：中国把基础设施"硬联通"作为重要方向，把规则标准"软联通"作为重要支撑，把同共建国家人民"心联通"作为重要基础，推动共建"一带一路经济带"和"海上丝绸之路"互相紧密配合、共同向高质量发展。

（三）打造"健康丝绸之路"

2016年8月17日，习近平总书记在北京人民大会堂出席推进"一带一路"建设工作座谈会并发表重要讲话，提出了打造"健康丝绸之路"的重要议题。他说："聚焦构建互利合作网络、新型合作模式、多元合作平台，聚焦携手打造绿色丝绸之路、健康丝绸之路、智力丝绸之路、和平丝绸之路，以钉钉子精神抓下去，一步一步把'一带一路'建设推向前进，让'一带一路'建设造福沿线各国人民。"

两千多年以来，丝绸之路不仅成为一条商贸之路和民间友好之路，也书写了不同肤色、不同民族、不同文化的人们共同探索生命和健康科学、推进中外医学交流的一段段佳话。中国的人参、茯苓等中药材和脉诊、麻醉、针灸等疗法以及医书论著陆续传入丝绸之路沿途国家，古希腊、罗马、印度、波斯、阿拉伯及非洲的安息香、木香、豆蔻等药材和穿颅术等疗法也传入中国，助力沿途国家对健康的共同追求。

健康是当今国际社会的重要课题，也是共建"一带一路"的重要目标。中国政府在推进共建"一带一路"的过程中，不仅大力实施"健康中国"战略，维护本国公民的生命健康权，还积极落实联合国2030年可持续发展议程，将卫生领域合作列入"一带一路"建设的重要内容。

2017年1月18日，习近平主席在日内瓦访问世界卫生组织时提出，中国欢迎世界卫生组织积极参与"一带一路"建设，共建"健康丝绸之路"。访问期间，双方还签署了关于"一带一路"卫生领域合作谅解备忘录。这一具有里程碑意义的文件，意味着中国同世界卫生组织的务实合作扩展到"一带一路"共建国家和全球层面。

（四）"宽大与水深的良港是力量与财富的来源"

"宽大与水深的良港是力量与财富的来源。"这是为美国出谋献策的海军战略家、海权论鼻祖马汉 100 多年前所说的。

"要写好新世纪海上丝路新篇章"这个重要指示，就是习近平总书记于 2017 年 4 月 19 日考察广西北海时在铁山港公用码头同工人们亲切交谈时提出的。

港口建设是海上丝路最重要的出发点和支撑点，对于写好 21 世纪海上丝路新篇章具有重大战略意义。37 年前，已经奉行独立自主、自力更生 35 年的中国一举开放从北到南的大连、天津、上海、秦皇岛、烟台、青岛、连云港、南通、宁波、温州、福州、广州、湛江、北海 14 个沿海港口城市。这一重大决策对日后中国的沿海港口建设，对改革开放基本国策的落实，发挥了重要的战略推动作用，也为后来党和国家倡导建设海上丝绸之路打下了重要基础，创造了重要的条件和前提。

深圳经济特区在建设和发展中由于重视和大力抓好港口建设和发展，使深圳港今天能够与上海港、青岛港、广州港、宁波港、天津港排列在世界十大港口之内。大连、秦皇岛、连云港、南通、温州、福州、湛江、北海等港口也在改革开放中不断发展壮大，成为世界的著名港口。除了这些重要港口，几十年来中国沿海各省市所建设的港口星罗棋布，不计其数。大大小小的港口建设和发展，大大促进了中国的进出口贸易，为中国的经济腾飞做出了巨大贡献，成为 21 世纪海上丝路的出发点和重要支撑点。

写好 21 世纪海上丝路新篇章，国内的港口建设不能放松，必须继续发展、壮大。根据相关统计数据，当前中国经济的对外依存度已高达 60%，对外贸易运输量的 90% 是通过海上运输完成的，世界航运市场 19% 的大宗货物运往中国，22% 的出口集装箱来自中国。中国经济已是高度依赖海洋的开放型经济。但是从内部条件来看，中国陆海内外统筹仍有待加强，尤其需要加快港口、铁路、储备仓库等基础设施建设和资源配置协调，不断提升蓝色经济国际竞争力和抗风险能力。中国的港口建设要越来越现代化，在技术设施、经营管理、生产效率和总体吞吐量等方面稳居

世界前列，这样才能保持、彰显 21 世纪海上丝路的影响力、辐射力。

同时，必须高度重视海外的"一带一路"共建港口的发展，这是具有重要战略意义的大事。"在一个假定的国家中，如果只是拥有漫长的海岸线，却完全没有一处港口，这种国家就不可能拥有自身的海洋贸易、海洋运输以及海军……宽大与水深的良港是力量与财富的来源。"①

道理很清楚，中国在海外的港口建设发展了，才能基本保证海上丝路有越来越多的联系点和支撑点，才能越来越绵长、发达。多年来，党中央、国务院一直采取多样方式方法，鼓励、支持国内企业到海外推动港口共建。据统计，目前中国在海外已有超过 100 个港口共建项目，按照合作方式可划分为五大类：承建型、收购型、投资建设型、援建型和租赁型，分布在各大洲。

亚洲地区中国建设的境外港口最多，高达 37 个，占总数的 36.63%，其中东南亚地区港口数量较多，东亚、西亚和南亚地区港口数量分别是 2 个、12 个和 7 个。非洲次之，中国在非洲建设港口数量为 33 个，占总数的 32.67%，其中西非地区有 12 个，东非、中非、南非和北非分别有 11 个、5 个、1 个和 4 个。其他地区共建港口数量分别为：欧洲 11 个（含俄罗斯）、南美洲 9 个、北美洲 6 个及太平洋 5 个。中国在亚洲与当地政府合作建设的缅甸皎漂港、斯里兰卡汉班托塔港、巴基斯坦瓜达尔港，已经取得良好效果。②

港口建设同时必须有相应的交通等基础设施建设，建设与港口相连的铁路、高速公路必不可少。所以，每一个"一带一路"共建的港口项目，都是当地政府十分重视的重大发展项目，为促进当地经济发展、社会安定和进步，为世界和平，做出重要贡献。这也说明"一带一路"繁荣经济带与海上丝路建设不能分开，必须密切配合，也能够紧密结合。

---

① ［美］阿尔弗雷德·塞耶·马汉：《大国海权》，熊显华编译，江西人民出版社 2011 年版，第 28 页。

② 李祜梅、邬明权、牛铮、贾战海：《中国在海外建设的港口项目数据分析》，《全球变化数据学报（中英文）》2019 年第 3 期，第 234、243、344、353 页。

（五）保持定力，应对挑战

在看到"一带一路"不断取得新成就的同时，我们也要看到前路的隐忧。显而易见，国际形势日趋复杂。共建"一带一路"正面临新的形势。

从目前情况可以看到，陆上丝路虽然旅程有限，阻隔不少，但只要不发生战乱，共建"一带一路"各方就可以克服各种障碍，使利国利民之路不断延伸、扩展。

共建"一带一路"中的大型综合港口发展项目，对一个国家的经济发展有深远的影响，对促进共建海上丝路具有重要作用，但同时困难也会很多。港口、铁路建设项目，从中标到签约再到开工建设、竣工，也往往会受到经济、政治和文化多方面因素的影响，其中包括霸权主义势力和西方利益集团的干预、打压等。

例如斯里兰卡科伦坡港口城项目建设就遇到不少问题。科伦坡港新城位于科伦坡中央商务区核心，是斯里兰卡历史上很大的一个外国投资项目。由中国港湾和中交广航局承建，一期项目投资为14亿美元，带动二级开发投资约130亿美元。科伦坡港新城于2014年9月17日开工，计划通过填海造地，利用20～25年时间，建设一个有高尔夫球场、酒店、购物中心、水上运动区、公寓和游艇码头在内的港口城。项目建成后将为斯里兰卡民众创造约8.3万个稳定的就业机会，从而为更多的民众提供可靠的生活保障，提升民众生活水平。2015年1月，斯里兰卡新政府上台后，该项目不久被新政府以"缺乏相关审批手续""重审环境评估"等为由单方面叫停。直到西里塞纳总统上任后，港口城项目建设于2016年3月才恢复。

其他海外港口共建项目的建设也会受到人为干扰、资金不足、生态破坏和政策变化等多种因素的影响，其中资金不足和政策变化对港口建设的影响非常巨大，轻则使中国在海外建设的港口不能按照原计划顺利进展，重则导致建设停滞。因此，为了更好地规避风险，中国对海外的港口建设项目应进行全方位的风险评估，在做好预算、保证资金到位的同时，做好安全防护。

山重水复，柳暗花明。尽管国际形势日趋复杂，共建"一带一路"不断面临新的形势，中国却总是善于在危机中育先机，于变局中开新局。

在"第三次'一带一路'建设座谈会"上，习近平总书记强调，总体上看，和平与发展的时代主题没有改变，经济全球化大方向没有变，国际格局发展战略态势对我国有利，共建"一带一路"仍面临重要机遇。

2021 年 11 月 16 日，中国国家主席习近平在北京同美国总统拜登举行视频会晤。在长达 3 个半小时的会晤中，双方就事关中美关系发展的战略性、全局性、根本性问题以及共同关心的重要问题进行了充分、深入的沟通和交流。习近平主席强调，新时期中美相处应该坚持三点原则：相互尊重、和平共处、合作共赢。

"一带一路"，源自中国，但属于世界；根植于历史，但面向未来。在新形势之下，从对海洋的再认识，到下功夫经略海洋，积极向海洋进军；从提出共建"一带一路"重大倡议，到推进"一带一路"建设、写好 21 世纪海上丝路新篇章，水陆并进……这条有形之路、无形之路、创新之路，正在中国政府主动的"五通"（政策沟通、设施联通、贸易畅通、资金融通、民心相通）推动之下，成为开放、绿色、创新、文明、和平、繁荣、稳定的康庄大道。中国自身也将在建设海洋强国的征程上不断前进，越来越强大。

"长风破浪会有时，直挂云帆济沧海。"

第三章　海权　海军　海威

海权，是国家海洋权力与海上力量的统一。海权，是海洋强国的重要标志。国家要强大，民族要振兴，就一定要掌握海权。而要掌握海权，就一定要强军。军强才能国安、国强，在海洋上才会有话语权，在海事上才有威信、威严，能决断。总之，强化海洋军事实力，才能为中国海洋国土开发保驾护航。一个人只有拳头硬了，才能挺直腰板，放到国家层面亦是如此。

从自然地理条件看，中国本来就是海洋大国。渤海、黄海、东海、南海等四大海，我国管辖的海域面积为 300 万平方公里，相当于陆地国土面积的近1/3。另据中国国家海洋局公布的资料，中国大陆海岸线长 18000公里；500 平方米以上的海岛 7371 个，其中有居民海岛 400 多个。为数众多的海岛及其周边海域自然资源丰富，尤其是海运、渔业、旅游、油气、矿产、生物、海水和海洋能等的潜在资源十分丰富。

可惜，几个世纪之前，中国因为国力日益衰落，没有建立和保持海上强大军事力量，作为海洋大国的中国逐渐丧失了海洋强国的地位，也因此海权丢损，利益被侵，恩泽不播。

海权论的鼻祖马汉说："海权的历史就是关于国家之间的竞争、角逐、暴力冲突的一种客观的再现。……海上的历史，在很大程度上就是一部残酷的军事史。"[①] 马汉的海权著作的核心论点就是：得海权者才能得天下，建立强大海权是海洋大国崛起的必经之路。一百多年来，美国能够崛起成为全球的海洋强国和世界霸主，与对马汉的海权战略思想的运用有密切关系。

无论是从历史以及世界其他国家的实际经验教训上，还是从思想理论

---

① ［美］阿尔弗雷德·塞耶·马汉：《大国海权》，熊显华编译，江西人民出版社 2011 年版，第 2 页。

上，我们都可以肯定地说：海权不仅标志着一个国家利用海洋和与海洋和睦相处的总体能力，同时也决定着一个国家和民族能否"伟大"的关键。而且海权要强大，首先必须有强大的海洋军事力量。要保证海洋军事力量强大，必须有先进的武装。而武装力量强大的基础是国家先进的工业，尤其是先进的造船工业和驾驭海洋的高新科技。

一、强军，才会有真正的海权

要想守卫中国的万里海疆、保卫世界和平，中华人民共和国就必须加紧建设与时代相适应的现代化的强大的海军。

强军，强海军，国家才会有真正的海权，才能国安、国强。

180 多年前，闭关自守的清王朝，沉迷于"天朝上国"的美梦而不能自拔，看不到外部世界的变化，抗拒革新，没有紧跟国外军事变革的潮流，因此武器装备落后，战斗力低下。所以在鸦片战争中，清军被英国海军的坚船利炮打得落花流水，清政府被迫割地赔款，中国东南沿海任由外国军队横行霸道。中国哪来海权？

鸦片战争后，清廷中一部分有识之士认识到西方坚船利炮的威力，于是开始组建新式海军。但是由于中国工业落后，自己不会制造海军的铁壳军舰、大炮，只能向英、法等西方强国购买。武器装备落后且不说，新组建的清朝海军缺乏现代战争训练，人员素质低下。更重要的是，朝廷腐败无能，极大地削弱了海军的战斗力。甲午战争中，在日本海军的打击下，清朝的北洋水师全军覆没。战争的结果是清朝被迫同日本签订丧权辱国的《马关条约》，中国又是割地赔款，开放几乎所有通商口岸。中国何来海权可言？

1949 年 10 月，解放军发起解放金门战役时只有陆军而没有海军，所造成的失败、损失"为解放战争以来之最大者"[1]。

1950 年 4 月的解放海南岛战役，因为只有陆军配备 1000 多只木船组成渡海战斗的"海军"，我军付出了 4500 多名指战员伤亡的代价才换来解

---

[1] 《毛泽东文集》第六卷，人民出版社 1999 年版，第 18 页。

放全岛的胜利。

在解放金门和解放海南岛牺牲的指战员中，有不少是参加过长征、抗日，解放战争时期从东北、华北一路南下的百战精英！

1950年朝鲜战争爆发，美国乘机将第七舰队开进台湾海峡，阻止人民解放军渡海解放台湾。那时，新中国只能干瞪眼干着急，即使气得咬牙切齿也没有办法。谁叫我们落后，没有现在先进的"东风"导弹，没有核潜艇，更没有航空母舰。所以，连本属于中国内海的台湾海峡也没有我们的海权，只能任由美国的军舰自由游弋，耀武扬威。

血的教训：没有自己国家强大的海军，就没有国家自己的海权。

新中国必须建立一支强大的人民海军，这是强军的重要标志，是形势使然，是历史的教训，也是历史不可推辞的责任；这是毛泽东以及他的继承者们的意愿，是新中国各族人民的共同希望。因为，中国历代的党和国家领导人，乃至广大中国人民都清楚，帝国主义无论是在陆地，还是在大海，从来都是蛮不讲理、横行霸道的，他们总是运用他们的"战争法则"，根本不讲什么道德原则或法律规则。

历史告诉我们，百年来，帝国主义能那么大摇大摆地从海上打进来对中华民族进行欺压、侮辱，就是因为我们没有自己的强大海军，丧失了自己的海权。

历史的教训还告诉我们：中华人民共和国的海权，除了要据理力争，重要的是要靠自己强大的海洋军事力量和全国上下同仇敌忾的意志。

强军，强海军，是新中国的头等大事，是党和人民的共识。强大的中国人民海军，不能只体现在强大的精神力量方面，在武器装备、技术设施和使用上也应该越来越先进、强大，能够在实战中迅速赶超世界一流水平。

大家都记得，新中国成立初期，千头万绪，百业待兴。在这样的情况下，1953年，中国政府决定动用宝贵的黄金储备，以每艘17吨黄金的代价，从苏联订购4艘驱逐舰。之后两年，4艘驱逐舰相继交付中国人民海军，入编为"鞍山"舰（舷号101）、"抚顺"舰（舷号102）、"长春"舰（舷号103）和"太原"舰（舷号104）。它们组成北海舰队第一驱逐舰支队，基地在青岛。这4艘驱逐舰成为中国人民海军当时吨位最大、战

斗力最强的主力战舰,是中华人民共和国爱护有加的"四大金刚"。

1957 年 8 月 4 日,新中国举行第一次海上阅兵以庆祝建军 30 周年。周恩来总理受毛泽东主席委托,在海军司令员萧劲光大将的陪同下,检阅人民海军。这次海上阅兵担当主角的就是第一驱逐舰支队的"四大金刚"。这次海上阅兵,不仅是党和国家领导人对人民海军现代化、正规化建设阶段性成果的检验,更是中国海上力量的一次宣示。它宣告了中国正式结束百年有海无防的历史,宣告了一支全新的、将改变世界海洋实力版图的舰队出现在西太平洋的海面上。

1975 年 5 月,已是耄耋高龄的毛泽东主席仍念念不忘海军的建设。在出席生前最后一次中央政治局会议时,他郑重地对海军第一政委苏振华说:"海军要搞好,使敌人怕。"他伸出小拇指又说:"我们海军只有这样大。"话语间,流露出毛泽东对加快人民海军发展的殷切期望。两周后,毛泽东在关于海军建设规划的报告上批示:"努力奋斗,十年达到目标。"①

"海军要搞好,使敌人怕。""努力奋斗,十年达到目标。"仰望井冈山上空的北斗星,我们永远牢记毛泽东留给人民海军的最后嘱托。

之后党的第二代、第三代到第四代、第五代领导集体,都没有忘记毛泽东主席发展海军的嘱托。四十多年来,一代又一代的海军官兵为建设强大的人民海军而不懈努力,时刻准备迎击一切从来自海上的侵略,时刻准备实现祖国的统一。

2017 年 5 月 24 日,习近平总书记在视察海军机关时强调指出:"建设强大的现代化海军是建设世界一流军队的重要标志,是建设海洋强国的战略支撑,是实现中华民族伟大复兴中国梦的重要组成部分。"这就意味着:强军,最重要的是要强海军;人民海军强大了,才能建设海洋强国,才能实现中华民族的伟大复兴。

强军,强海军,是中华儿女的冲天呼号,是以习近平同志为核心的党中央的加急战斗命令!

---

① 《毛泽东的执政忧患意识:五个未了"情结"》,中国新闻网,2009 年 10 月 29 日,http://www.chinanews.com.cn/cul/news/2009/10-29/1937432.shtml。

二、高精尖科技：强大海军之首要

从建军之时开始，毛泽东、朱德等领导人在新中国经济十分困难的情况下，就为人民海军的科技进步而呕心沥血。当美国、苏联的核潜艇耀武扬威，不可一世，有可能威胁到人民共和国安全的时候，毛泽东主席更是横下一条心："核潜艇，一万年也要搞出来！"①

彭士禄、黄旭华、尤子平、钱凌白等一批老一辈科技工作者肩负起党和人民的重托，白手起家，艰苦摸索，刻苦钻研，攻克难关，奋勇当先。他们从外国的核潜艇玩具上找灵感，用一把北京生产的"前进"牌算盘，经过了无数个日日夜夜，计算出中国制造第一代核潜艇的关键数据，搞出新中国第一艘核潜艇。

人们永远不会忘记，作为中国第一代核潜艇总设计师的黄旭华，曾隐姓埋名30年，将自己的全部献给中国的核潜艇事业，也将自己"惊涛骇浪"的人生"深潜"在了祖国的大海，为中华人民共和国的海军建设发展做出了重大的贡献。

1970年12月，中国自行研制的第一艘核潜艇下水。1974年8月，中国第一艘核潜艇正式服役，中国海军成功地进行了潜射导弹的发射实验，中国成为世界上第五个拥有海基战略核反击能力的国家。

改革开放，使中国的经济实力大大增强，人民海军的武装设备和科技水平大幅度提升，作战能力突飞猛进。

1985年11月，一艘核潜艇悄然驶出港口，开始了中国核潜艇首次最大自给力考核试验，创造了90昼夜、数万海里新的长航纪录。1988年4月，中国某核潜艇奉命执行极限深潜任务，潜至极限深度，创造了中国核潜艇发展史上的新纪录。1988年9月，某核潜艇成功执行水下发射运载火箭试验任务。人民海军由此成为一支建设海洋强国的战略军种。

2009年4月23日人民海军建军60周年之时，通过大规模的海上阅兵，中国向世界亮出自己的战略核潜艇、攻击核潜艇、常规动力潜艇、新

① 杨连新：《见证中国核潜艇》，海洋出版社2013年版，第34页。

型驱逐舰、新型护卫舰、新型两栖船坞登陆舰、新型导弹快艇等中国海军现代化的钢铁方阵。

海军北海舰队某潜艇基地潜藏在沿海的峰峦叠嶂中，成为一支神秘的海军部队。该基地自组建以来，创造了世界核潜艇一次长航时间新纪录，检验了中国核潜艇深海作战性能，水下发射运载火箭，显示了中国海洋战略威慑力量。

美国的《国防》月刊和国防大学网站从2013年、2014年不断发表文章，对中国海上军事力量进行评论。他们认为，受益于军费预算增长和国内造船能力的发展，中国海军现代化取得了非常大的进步，"向深蓝水海军迈进"，"军事装备能力的提升比装备数量的增加要显著得多"，"中国的海军现代化进程还包括内部改革以及在军队维护、后勤保障、海军制度、人员素质、教育、训练和操练方面的改进"。①

《华尔街日报》也说，中国日渐强大的潜艇部队是"这个崛起大国对地区军力格局的最大挑战"，中国水下部队发展不仅增强了核武库实力，也"加强了中国提出领土声索并遏制美国介入的实力"。②

还有的外媒在评价中国海军的战斗能力和现代化水平时，也都坦言：中国的海军在技术装备上比美国至少要落后20年。

谦虚才会进步，骄傲会掩盖落后。对于那些来自不同社会制度、持不同政治立场的评论者的评论，无论正面或反面，且当有益之言。

以习近平同志为核心的党中央提出"努力把人民海军全面建成世界一流海军"的要求，就是认识到中国海军同世界一流海军的差距，并且高瞻远瞩，指明了新时代人民海军建设的正确方向。

世界一流海军，首先必须是武器装备和技术手段达到甚至超过世界一流水平。当今世界的海权争夺，实际上是高精尖技术对海洋的适应、驾驭、利用，同时又是对争夺者的最新式技术的武装抗拒、制衡和战胜。

以信息技术为核心的高新技术的发展，有力地促进了世界新军事变革

① 《美媒质疑：中国造这么多军舰干吗 想部署全世界？》，环球网，2014年3月24日，https://mil. huanqiu.com/article/9CaKrnJEFeT。

② 《日媒呼吁中国向外国军方保证能控制住核潜艇》，环球网，2014年12月10日，https://mil. huanqiu.com/article/9CaKrnJFXlo。

的发展——战争形态正由机械化向信息化转变。中国要建设世界一流海军，要成为海洋军事强国，就必须适应这种变化，赶超这种变化。一句话，在21世纪，中国在海军建设上的首要任务就是在信息技术上创新，发展以信息技术为核心的高精尖技术，以制衡和战胜一切来犯之敌，保证国家牢牢地掌握应有的海权，保卫国家的海洋核心利益不受任何侵犯。

中国绝对知道自己的家底并不雄厚，要赶超发达国家海军的技术水平并非易事。但是中国有社会主义集中力量办大事的优势，这些年从不松懈，集中力量在海军建设上办大事，建造更新更多舰艇，创新装备科技，努力以信息技术为核心飞速提高人民海军的战斗力量。

2019年4月人民海军建军70周年阅兵的展示，说明中国海军在高科技方面有了更大进步。中国已经有了集海军作战技术于一身的航空母舰，以及配套的舰艇战斗群、空中的相应高性能战机群。中国海军舰艇的隐身技术包括雷达隐身、光电隐身、声隐和磁隐等，已经达到可以迷惑敌人的程度。这一切，确实令世人刮目相看。

2020年9月21日，由中国航天科技集团第五研究院总研制的"海洋二号C"人造卫星在酒泉卫星发射中心成功发射。这是中国海洋动力环境监测网的第二颗卫星，也是中国首颗运行于倾斜轨道的大型遥感卫星，其入轨后与"海洋二号B"星组网，可大幅提升中国海洋观测范围、观测效率和观测精度。"海洋二号C"星具有身手敏捷、眼疾手快的特性，能够实现更高的海洋风场观测频度。相较于传统遥感卫星运行所在的太阳同步轨道，"海洋二号C"星的"站位"十分独特，在研制团队的精心设计下，"海洋二号C"星将在倾斜轨道上"全力奔跑"，进一步提升中国的海洋观测能力，也让人民海军有了自己的千里眼。

近年来，更有外国媒体窥视并疯传："中国激光武器独步天下""中国电磁炮威力无比""中国歼-20战斗机令美俄羡慕嫉妒""中国30倍音速的飞行器、10倍音速导弹高超声速武器层出不穷"……

当然，美国、英国、法国、日本等国家也在不断研制新式装备和武器。中国作为14亿多人口的发展中国家，还是不得不承认，发展经济和改善群众生活的负担任务是很重的，用于支持国防科研和建设的财力还是有限的。总体上，中国在海军高科技装备和使用技能方面，同美国、俄罗

斯甚至英国、日本等还有相当差距。

2020 年以来，美国政府不顾新冠疫情在美国本土及世界蔓延、病死者迅速增加、经济下滑、社会矛盾激化的问题，在此非常时期，其执政者为转移国内矛盾，加剧对中国的贸易战，尔后又从军事上不断在中国的黄海、南海搅局搞事，气焰越来越嚣张。战争，似乎在中国的沿海一触即发。中国的国家和人民，尤其是中国海军，绝对不能放松警惕，绝对不可以在海洋技术创新上松劲儿。

2021 年 3 月 9 日，中共中央总书记、国家主席、中央军委主席习近平在参加全国人大解放军、武警部队代表团全体会议时强调指出："要强化创新驱动，以更大力度、更实举措加快科技自立自强，充分发挥科技对我军建设战略支撑作用。要紧跟科技强国建设进程，优化国防科技创新布局和环境条件，用好用足各方面优势力量和资源，大幅提升国防科技创新能力和水平。"

在国际局势复杂危变、中国的安全形势不稳定性和不确定性较大的情况下，中国的海军建设按照习近平总书记的指示——解放思想、转变观念，勇于改变机械化战争的思维定式，树立信息化战争的思想观念，努力建设一支高科技强大信息化军队——有条不紊地进行着。

中国海军正以信息技术为核心不断创新发展，努力赶超世界一流。

中国永远不称霸，也永远不怕任何海上霸权主义的威胁。

三、蓝水海军，时代要求

中国海军建军之初，主要任务是保卫沿海沿江——在沿海配合陆军、空军进行协同作战，肃清海匪，打破帝国主义的海上封锁，收复沿海岛屿，保卫人民政权，维护国家的稳定和安全。

半个多世纪以来，不断壮大的中国人民海军顺应时代要求，对发展战略不断做出调整、转变——从近岸防御，到远海护卫，再到强国强军、挺进深蓝。

20 世纪六七十年代，中国海军开始实施近岸防御的战略。1956 年 6 月，根据中央要求，海军提出了"三个服从"的方针：服从国家经济建设，服从以发展空军和防空军为重点并相应地发展海军的方针，服从在海军建设以发展"空、潜、快"（航空兵、潜艇、快艇）为主并相应地发展其他各兵种的指导思想，目标就是近海防御，保卫国家的建设和发展。

这是海军由创建时期向成长发展时期转变的重要标志。近岸防御战略的确立，使中国海军力量的建设发生了一系列重要变化。一方面，海军开始真正地作为一支独立的战略性军种并在保卫国防上发挥重要作用；另一方面，为符合战略转变要求，海军战斗力建设也取得了突破性进展，装备建设实现了由缴获接收、购买、装配、仿制到国家自行研制、生产的转变。这是人民海军从小到大、由弱变强的关键。国家有能力自行研制、生产与时代要求相适应的海上武装设备，海军才能逐步发展成具有较大规模和较强实力、能够对国家安全发挥保卫作用的海上强大军事力量。

20 世纪 80 年代以来，党和国家做出以经济建设为中心、实行改革开放的重大决策，中国的综合国力大幅跃升，船舶制造工业技术水平迅速提高，为加快海军建设和维护国家海洋权益、建设海洋强国筑定了坚实基础。

国家加大财政投入，集中人力、科技力量，重点对海军大型舰艇制造和一些配套高新技术项目、关键技术环节进行了攻关，使一批高新技术成果应用于急需的海上战斗装备。一批先进的舰艇和新型武器装备提前完成研制，正式交付海军各兵种的部队使用。这一时期，数字网络技术和各型舰载自动化指挥系统进入应用阶段，导弹技术取得重要突破，新型导弹护卫舰、导弹驱逐舰、隐身导弹艇、新型常规潜艇、高性能岸基作战飞机、舰载直升机等不断问世，远海补给船装备整体水平有较大提高。

2012 年 9 月 25 日，中国第一艘航空母舰——"辽宁"舰举行隆重的交接入列仪式。这是中国海军发展战略上具有重要意义的转变，人民海军作战范围从近海扩展到中远海，并且能够突破至第二岛链以外的海域。

2015 年，人民海军开始实施"近海防御、远海护卫"的战略转移。5 月 26 日，国务院新闻办发布的国防白皮书《中国的军事战略》明确提出："根据战争形态演变和国家安全形势，将军事斗争准备基点放在打赢信息化局部战争上，突出海上军事斗争和军事斗争准备，有效控制重大危机，妥善应对连锁反应，坚决捍卫国家领土主权、统一和安全"，要求"海军

按照近海防御、远海护卫的战略要求，逐步实现近海防御型向近海防御与远海护卫型结合转变，构建合成、多能、高效的海上作战力量体系，提高战略威慑与反击、海上机动作战、海上联合作战、综合防御作战和综合保障能力"。①

为贯彻国家安全战略和军事战略要求，科学统筹和推进海军转型建设，2016年2月，人民海军在濒海方向成立北部战区、东部战区、南方战区海军机关，健全和完善了海上方向联合作战指挥体制，以统筹机械化和信息化建设，统筹近海和远海力量建设，统筹水面和水下、空中等力量建设，统筹作战力量和保障力量建设，确保形成体系作战能力。

2017年5月24日，中央军委主席习近平视察海军机关并发表重要讲话，鲜明提出努力建设一支强大的现代化海军，激励海军全体指战员"要站在历史和时代的高度，担起建设强大的现代化海军的历史重任"。

此后，人民海军认真贯彻中央军委经略海洋、维护海权、建设海军的重大战略思想，坚持政治建军、改革强军、科技兴军、依法治军，瞄准世界一流，紧紧抓住当前世界海军信息化、智能化、远洋化、核动力化的发展潮流，促进中国海军由近海型向远海型、由机械化向信息化、由常规动力向核动力、由数量规模型向质量效能型整体转型，加速发展，不断提高基于网络信息系统的体系作战能力，促进海军现代化水平和综合作战能力跃上一个新高度，向前迈出了坚实步伐。

中国海军开至亚丁湾、索马里海域护航，实现了水面舰艇编队、海军航空兵、核潜艇和常规潜艇走出去常态化。人民海军出色完成了利比亚撤侨、叙利亚护航、马航客机搜寻、马尔代夫紧急供水、也门撤侨等重大远海任务，彰显了大国担当，赢得了国内外各界的广泛好评和高度赞誉。

美国的《国家利益》杂志也不得不说，中国海军实力的增强是世界公认的。该杂志还评选出世界五大海军强国：美国、俄罗斯、中国、英国和日本。在世界海军强国排名中，中国海军排名第二。该杂志还表示，中国经济的腾飞为海军的壮大提供了可能，中国海军目前舰艇规模达到了全球

---

① 国务院新闻办公室：《中国的军事战略》白皮书（全文），2015年5月26日，http://www.scio.gov.cn/zfbps/ndhf/2015/Document/1435161/1435161.htm。

第二，总吨位也达到了全球第二。①

"在海上战争中，进攻是远洋海军的主要功能。"② 一百多年的美国海权战略家马汉就这样强调。而像美国这样的海洋强国，早就已经大力发展蓝水海军，将其海军力量延伸至五大洋耀武扬威。俄罗斯、英国等国的海军也早就具有强大的蓝水海域战斗能力，包括具有对潜对空威胁的防御能力、长时间长距离的后勤补给能力等。

作为世界最大的发展中国家，中国海军实则还处于从绿水海军转为蓝水海军的阶段。这些年中国在建设蓝水海军方面确实做出了很大努力，但远未能达到"世界海军强国排名第二"的程度。

而且，时至今日，中国面临的太平洋仍然没有太平。

新时代，建设强大的"蓝水海军"，是中国作为大国的责任和必然要求。因为，我们必须站在历史和时代的高度，担起建设现代化社会主义强国、维护地区安定和保卫世界和平的历史重任。因为，在新的历史条件下，国家利益拓展主要在海洋，国家安全威胁主要在海洋，军事战略主要方向在海洋，军事斗争焦点主要在海洋。所以，海军在战略全局中将具有更加重要的战略地位。而要建设"使敌人怕"的强大人民海军，就不能只具备近海和远海防御的作战能力，必须是无论是近海还是远海都既能防御又能进攻——积极防御。总之，中国海军建设必须从绿水海军发展成蓝水海军，才能担当起新时代的历史重任。

守正，持平，是中华民族的文化传统。中国是一个热爱和平的国家，永远不称霸。中国建设蓝水海军，当然不是想威胁谁、挑战谁，而是为了维护自身的安全和世界和平。

建设"蓝水海军"，当然少不了航空母舰和强大的航母战斗群。经过若干年追求和努力，2012年9月25日，中国第一艘航空母舰"辽宁"舰在隆重的仪式和庄严的军号声中正式入列中国人民海军。之后，中国第一艘国产航空母舰"山东"舰于2019年12月17日在海南岛三亚某军港交付并入列

---

① 《〈国家利益〉杂志评出世界五大海军》，俄罗斯卫星通讯社，2019年12月12日，https://sputniknews.cn/20191212/1030215966.html。

② ［美］阿尔弗雷德·塞耶·马汉：《大国海权》，熊显华编译，江西人民出版社2011年版，第312页。

中国人民海军。这是中国人民期盼已久的大事。当日下午，中共中央总书记、国家主席、中央军委主席习近平出席了"山东"舰入列仪式。

作为中国打造蓝水海军计划的一部分，中国海军近两年又有 5 艘属世界先进水平的 055 型导弹驱逐舰入列：055 型导弹驱逐舰的首舰"南昌"舰于 2020 年 1 月入列，二号舰"拉萨"舰于 2021 年 3 月入列，三号舰"大连"舰于 2021 年 4 月入列，四号舰"鞍山"舰和五号舰"无锡"舰于 2022 年 4 月入列。有报道称，055 型导弹驱逐舰被认为是仅次于美国海军"朱姆沃尔特"级隐形驱逐舰的全球第二强大驱逐舰。[①]

有了"双航母"和新锐舰艇、战机，中国建设强大的"蓝水海军"就有了坚实的基础和良好的条件。当然，中国不能也不会到此止步。第三艘航母也已下水、入列，期盼更多更先进的潜艇、护卫舰、驱逐舰、战机与之配套，组成能驰骋五大洋的强大航母战斗群，既守卫祖国的门户，也守卫亚太地区和世界的和平。

四、新《海上交通安全法》，新考验

2021 年 4 月 29 日，第十三届全国人大常委会第二十八次会议表决通过新修订的《中华人民共和国海上交通安全法》（以下简称《海上交通安全法》），国家主席习近平签署了第七十九号主席令予以公布。新的《海上交通安全法》于 2021 年 9 月 1 日起正式施行。这是一件关于中国海权的大事，也是对中国维权决心和能力的新考验。

《海上交通安全法》是中国海运领域的基础性法律，确立了海上交通安全管理的基本制度。此次修订是 1983 年《海上交通安全法》颁布以来进行的首次全面修订，从加强船舶船员管理、落实安全保障制度、强化航运的安全监管、完善搜救应急和事故调查处理机制、规范公正文明执法等方面，对海上交通安全管理的制度和内容进行了全面的充实、完善和调整。修订后的《海上交通安全法》共 10 章 122 条，新增 8 项法律制度，

---

① 《港媒报道：中国海军多艘 055 型驱逐舰入列》，参考消息网，2022 年 4 月 25 日，http://www.cankaoxiaoxi.com/china/20220424/2477069.shtml。

充实、完善6项法律制度，这对于中国加快建设交通强国、保障人民生命财产安全、提升国家形象，具有重大意义。

中国海事局在公布新修订的《海上交通安全法》时特别说明：潜水器，核动力船舶，载运放射性物质的船舶，载运散装的油类、化学品、液化气体等有毒、有害物质的船舶，以及法律、行政法规或国务院规定的可能危及中华人民共和国海上交通安全的其他船舶，在进入中华人民共和国领海时应当向海事管理机构报告，内容包括所载危险货物的正式名称、联合国编号等。

中国是坚定决心要在新时代捍卫自己的海上主权的。然而，严峻的新考验就在眼前。

有报道称，由于目前只有美国、法国拥有核动力航母，相关分析认为中国新修订的《海上交通安全法》相关条文是指向这些国家的军舰。

果不其然，美国国务院2021年9月1日即声称，美方会持续对抗中国的海权主张。[①]

已经成为美国跟班和附庸的澳大利亚，一边明知涉及地区是中国领海；另一边，其国防部还"跃跃欲试"，声称"重要的是，任何此类要求都必须符合国际法，特别是《联合国海洋法公约》"，"澳大利亚国防军舰艇将继续展开符合国际法的航行自由"。

频繁抹黑中国的澳大利亚战略政策研究所所长也跳出来大肆渲染称，中国的最新举动是试图"迫使"其他国家"事实上承认中国对南海的控制"。

很明显，美国、澳大利亚等是在对中国的海权进行挑战。可以断定，美国今后还会纠合其同伙继续做出类似的行为。

这是对中国捍卫海权的一场新的严峻考验——考验中国人民的决心是否坚定；考验中国政府是否有力量执法、护法，对于一切进入中国领海而违反我国《海上交通安全法》的外国船只，是否能够及时地、坚决地给予惩处。

---

① 《美方妄议中国海上交通新规》，参考消息网，2021年9月3日，http://www.cankaoxi-aoxi.com/china/20210903/2452903.shtml。

70多年来，新中国在世界面前是言必信、行必果的。我们相信，任何敢以身试法的捣乱者一定不会有好下场。

但是，我们也不能掉以轻心。善者不来，来者不善。中国必须保持足够强大的人民海军和海警队伍，才能制服任何不遵守中国法律规定、挑战中国尊严的挑衅者，《海上交通安全法》才能在中华人民共和国的领海上，被别人尊重，使人敬畏。

好战必亡，忘战必危。中国人民海军和海警队伍必须不断增强实力，越来越强，随时准备痛击来犯之敌。

时不我待。我们要按照中央的要求，准确把握国际形势变化的规律，既要认清中国和世界发展大势，又要看到前进道路上面临的风险挑战，未雨绸缪，以举国之力，加快建设一支强大的蓝水海军。

"在新时代的征程上，在实现中华民族伟大复兴的奋斗中，建设强大的人民海军的任务从来没有像今天这样紧迫。要深入贯彻新时代党的强军思想，坚持政治建军、改革强军、科技兴军、依法治军，坚定不移加快海军现代化进程，善于创新，勇于超越，努力把人民海军全面建成世界一流海军。"①

---

① 《习近平的"蓝色情怀"》，中国军网，2020年7月11日，http://www.81.cn/jmywyl/2020-07/11/content_9851147.htm。

第四章　竞争　惜时　实效

新时代，建设海洋强国，不可避免地会遇到多方面的激烈竞争，必须以只争朝夕的精神，同时间赛跑，更要十分注意讲求经济实效，把发展海洋经济作为向海洋进军的根本目标。

"发达海洋经济是建设海洋强国的重要支撑。要提高海洋开发能力，扩大海洋开发领域，让海洋经济成为新的增长点。"[1]

"海洋经济、海洋科技将来是一个重要主攻方向，从陆域到海域都有我们未知的领域，有很大的潜力。"[2]

习近平总书记的以上论述，为海洋工作的开展，为海洋强国建设的加快推进指明了方法和路径。

如果说，建设海洋强国的先决条件是海洋军事强国，那么，建设海洋经济强国，造福民族和国家，造福人类，则是建设海洋强国的根本目标。有了发达的海洋经济，海洋强国才有重要支撑，才能促进整个国民经济持续健康增长，才能使国家的海洋军事力量具有稳固后盾，促使国力不断增强。

联合国秘书长安南在1999年的海洋事务报告中指出："在全球230000亿美元的国内生产总值中，海洋产业总产值约为10000亿美元；海洋和沿海生态系统提供的生态服务的价值达到210000亿美元，而陆地生态系统提供的价值为120000亿美元。这些数字充分显示出海洋经济的巨大潜力。"

进入21世纪，从联合国的各个组织到世界各国都共同认识到，这个世纪是"海洋世纪"，其意义在于：21世纪是开发和保护海洋资源，发展海洋经济，促进人类经济社会可持续发展的重要时期。

---

[1] 《习近平：进一步关心海洋认识海洋经略海洋 推动海洋强国建设不断取得新成就》，新华网，2013年7月31日，http://www.xinhuanet.com//politics/2013 – 07/31/c_116762285.htm。

[2] 《习近平：建设海洋强国，我一直有这样一个信念》，新华网，2018年6月12日，http://www.xinhuanet.com/politics/2018 – 06/12/c_1122975977.htm。

对于中国来说，21 世纪也应该是"海洋中国"世纪。要抓住"海洋世纪"的机遇，通过教育、宣传，让"海洋中国"成为全民的海洋意识，抓住海洋经济发展的机遇，加快海洋经济建设和发展，对于中国尤其重要。

目前，中国的海洋经济发展情况相对于海洋经济发达国家，仍然有较大差距，距离海洋强国所必须具有的海洋经济基础还有较大差距。举国上下都应该认识到必须摆脱传统陆域大国的框框，不能再以纯粹大陆观来指导社会经济发展，必须积极、迅速地从大陆思维转换成既是陆地大国又是海洋大国的思维，认真了解海洋、认识海洋，积极向海洋进军。要高度重视并抓紧发展海洋经济，提高海洋开发能力，扩大海洋开发领域，为建设海洋强国而努力，为加快中华民族伟大复兴而奋斗。

一、中国海洋经济仍不发达

21 世纪，在世界各国开发利用海洋资源的竞争和赛跑中，中国并未能跑在最前面。中国海洋经济仍不发达，总体上开发利用层次不高，海洋生产总值占国内生产总值的比重始终徘徊于 9%，而发达经济体的海洋经济与国内生产总值的占比一般在 10% 以上，甚至高达 20%。中国的海洋总产值如果按人均来算，比先进的海洋强国落后得多。

目前，中国海洋经济发展不平衡、不协调、不可持续问题依然存在，传统海洋产业仍占据主导地位，新兴产业基础薄弱、占比不高，对深海、极地资源的研究和开发能力尚存不足。

以实例为证：2018 年是一个相对平和的年份，新冠疫情还未暴发，美国对中国的贸易战和其他"冷战"也未达到最激烈程度，全球海洋经济正常运作。因此，我们要了解中国海洋经济的总体状况，可以 2018 年的数据作为参考。

中国自然资源部海洋战略规划与经济司于 2019 年 4 月 11 日发布《2018 年中国海洋经济统计公报》[①]。据初步核算，2018 年中国海洋经济

---

① 每年发布的《中国海洋经济统计公报》各项统计数据均未包括香港、澳门特别行政区和台湾省。

生产总值 83415 亿元，同比增长 6.7%；2019 年中国海洋生产总值超过 8.9 万亿元，又比 2018 年增长 6.7%，增速大于国内生产总值的增速（6.1%），海洋生产总值占国内生产总值的 9.1%。其中，海洋第一、第二、第三产业增加值占海洋生产总值的比重分别为 4.4%、37.0% 和 58.6%。[①] 据测算，2018 年全国涉海就业人员 3684 万人。

全国主要海洋产业发展情况如下：

海洋渔业：海洋捕捞产量持续减少，近海渔业资源得到恢复。2018 年全年实现增加值 4801 亿元，比 2017 年下降 0.2%。

海洋油气业：受国内天然气需求增加影响，海洋天然气产量再创新高，达到 154 亿立方米，比 2017 年增长 10.2%；海洋原油产量 4807 万吨，比 2017 年下降 1.6%。海洋油气业全年实现增加值 1477 亿元，比 2017 年增长 3.3%。

海洋矿业：发展保持稳定，全年实现增加值 71 亿元，比 2017 年增长 0.5%。

海洋盐业：产量持续下降，盐业市场延续疲态，全年实现增加值 39 亿元，比 2017 年下降 16.6%。

海洋化工业：发展平稳，生产效益显著改善。重点监测的规模以上海洋化工企业利润总额比 2017 年增长 38.0%，全年实现增加值 1119 亿元，比 2017 年增长 3.1%。

海洋生物医药业：海洋生物医药研发不断取得新突破，引领产业快速发展。全年实现增加值 413 亿元，比 2017 年增长 9.6%。

海洋电力业：海上风电装机规模不断扩大，海洋电力业发展势头强劲。全年实现增加值 172 亿元，比 2017 年增长 12.8%。

海水利用业：发展较快，产业标准化、国际化步伐逐步加快。全年实现增加值 17 亿元，比 2017 年增长 7.9%。

海洋船舶工业：受国际航运市场需求减弱和航运能力过剩的影响，造

---

① 海洋产业的划分，普遍做法是按其属性划分，包括：海洋第一产业，如海洋渔业和海涂种植业等；海洋第二产业，如海洋油气业、海盐业、海滨砂矿业、海水直接利用产业和海洋药物业等；海洋第三产业，如海洋交通运输业、滨海旅游业和海洋服务业等。

船完工量显著减少，海洋船舶工业面临较为严峻的形势。全年实现增加值997亿元，比2017年下降9.8%。

海洋工程建筑业：下行压力加大，全年实现增加值1905亿元，比2017年下降3.8%。

海洋交通运输业：发展平稳，海洋运输服务能力不断提高。沿海规模以上港口完成货物吞吐量比2017年增长4.2%，海洋交通运输业全年实现增加值6522亿元，比2017年增长5.5%。

滨海旅游业：继续保持较快发展，全年实现增加值16078亿元，比2017年增长8.3%。

2018年，中国北部海洋经济圈海洋生产总值26219亿元，比2017年名义增长7.0%，占全国海洋生产总值的比重为31.4%；东部海洋经济圈海洋生产总值为24261亿元，比2017年名义增长8.0%，占全国海洋生产总值的比重为29.1%；南部海洋经济圈海洋生产总值为32934亿元，比2017年名义增长10.6%，占全国海洋生产总值的比重为39.5%。

为便于比较、分析，我们再看看《2019年中国海洋经济统计公报》《2020年中国海洋经济统计公报》公布的中国海洋经济的基本情况。

2019年，中国的海洋经济产值保持继续稳步增长，而第四季度已经受到新冠疫情的影响。但全国各地各部门紧紧围绕党中央关于加快建设海洋强国的重大战略部署，按照新发展理念和高质量发展要求，深化供给侧结构性改革，推进海洋经济提质增效，2019年海洋经济继续保持总体平稳的发展态势。据初步核算，2019年全国海洋生产总值为89415亿元，比2018年增长6.2%，海洋生产总值占国内生产总值的比重为9.0%（比2018年下降了0.3%）。其中，海洋第一产业增加值为3729亿元，第二产业增加值为31987亿元，第三产业增加值为53700亿元，分别占海洋生产总值比重的4.2%、35.8%和60.0%。

2020年，受新冠疫情冲击和复杂国际环境的影响，中国海洋经济像其他经济领域一样，面临前所未有的挑战。据初步核算，2020年全国海洋生产总值为80010亿元（约占国内生产总值的8%），比2019年下降5.3%，占沿海地区生产总值的比重为14.9%，比2019年下降1.3个百分点。其中，海洋第一产业增加值为3896亿元，第二产业增加值为26741

亿元，第三产业增加值为 49373 亿元，分别占海洋生产总值的 4.9%、33.4% 和 61.7%。

北部海洋经济圈海洋生产总值为 23386 亿元，比 2019 年名义下降 5.6%，占全国海洋生产总值的比重为 29.2%；东部海洋经济圈海洋生产总值为 25698 亿元，比 2019 年名义下降 2.4%，占全国海洋生产总值的比重为 32.1%；南部海洋经济圈海洋生产总值为 30925 亿元，比 2019 年名义下降 6.8%，占全国海洋生产总值的比重为 38.7%。

2022 年 4 月 6 日，自然资源部海洋战略规划与经济司发布《2021 年中国海洋经济统计公报》。据初步核算，2021 年全国海洋生产总值首次突破 9 万亿元（90385 亿元，约占国内生产总值的 8%），比 2020 年增长 8.3%，占沿海地区生产总值的比重为 15.0%，比 2020 年上升 0.1 个百分点。其中，海洋第一产业增加值为 4562 亿元，第二产业增加值为 30188 亿元，第三产业增加值为 55634 亿元，分别占海洋生产总值的 5.0%、33.4% 和 61.6%。

《2021 年中国海洋经济统计公报》显示，2021 年，中国主要海洋产业增加值为 34050 亿元，比 2020 年增长达 10.0%，产业结构进一步优化，发展潜力与韧性彰显。海洋电力业、海水利用业和海洋生物医药业等新兴产业增势持续扩大，滨海旅游业实现恢复性增长。海洋交通运输业和海洋船舶工业等传统产业呈现较快增长态势。

自然资源部相关负责人还对区域海洋经济发展情况做了介绍。2021 年，北部海洋经济圈海洋生产总值为 25867 亿元，比 2020 年名义增长 15.1%，占全国海洋生产总值的比重为 28.6%；东部海洋经济圈海洋生产总值为 29000 亿元，比 2020 年名义增长 12.8%，占全国海洋生产总值的比重为 32.1%；南部海洋经济圈海洋生产总值为 35518 亿元，比 2020 年名义增长 13.2%，占全国海洋生产总值的比重为 39.3%。①

总体上看，虽然 2019 年之后受到新冠疫情冲击和复杂国际环境的影响，但全党和全国人民在以习近平同志为核心的党中央坚强领导下，团结

---

① 《〈2021 年中国海洋经济统计公报〉发布 2021 年全国海洋经济首次突破 9 万亿元》，新华网，2022 年 4 月 6 日，http://www.xinhuanet.com/expo/2022 - 04/06/c_1211633661.htm。

一致，同心勠力，取得抗击疫情的重大胜利，克服由美国挑起的贸易战所带来的种种困难，使社会稳定，生活和各项生产基本恢复正常，经济平稳增长，包括海洋经济中的主要海洋产业稳步恢复，展现了中国海洋经济发展的韧性和活力。尤其是"智慧港口""5G海洋牧场平台"等新型基础设施建设加快推进；海洋交通运输业总体呈现先降后升、逐步恢复的态势。但不可避免的是，滨海旅游业受到前所未有的冲击，滨海旅游人数锐减，邮轮旅游基本全面停滞。

以上所列我国2018—2021年《海洋经济统计公报》的情况，至少可以说明以下问题。

第一，中国海洋经济发展和进步是很快很大的。尤其是2018年中国国内生产总值突破90万亿元大关，增速为6.6%。而这一年的海洋经济生产总值为83415亿元，同比增长6.7%，占国内生产总值的9.3%，增速快于国内生产总值，海洋经济在国内生产总值的比重更是前所未有的。2021年全国海洋生产总值首次突破9万亿元，同样可喜可贺。

第二，全国海洋经济发展分布格局，一直是南部的产值最高，北部、东部相对比较低。也就是说，北部和东部还有很大潜力。在全面加快发展海洋经济的同时，北部地区和东部地区在提高海洋开发能力，扩大海洋开发领域等方面，还要加力、加速。

美国在海洋经济建设方面则做到各区域全面发展，值得我们借鉴。2014年，美国海洋经济第三产业化，服务业占比达到70.3%。根据海洋经济区的分区，美国将沿海经济区划分为东、南、西三大海洋经济区，其中南部海洋经济区的产值占全国海洋经济产值的比重最大，达49.2%。东部海洋经济区（包括五大湖地区、东北地区和大西洋中部地区）对经济区内部差距的贡献率则次于西部海洋经济区。这些年，美国东、南、西大海洋经济区到处开花。

第三，中国的海洋经济还是以渔业、滨海旅游业、运输业三大传统产业为主，新兴的高科技海洋产业如海洋能源、海洋生物医药、海洋矿业等比重仍然比较小。从现代世界海洋经济状况和发展趋势来看，中国的海洋经济产业结构相对落后、不合理，必须抓紧调整，重点抓紧抓好新兴的高科技海洋产业。

美国海洋经济增加值在近 40 年间持续增长，海洋产业结构有了明显的变化。6 个海洋产业部门中，11 年前排在前三位的产业依次是旅游与休闲、运输、矿产（主要为油气业）。美国的海洋生物资源业、海洋建筑业分布广泛，近年也有很大增长。近年来，美国的旅游业比重逐步下降，而矿产业（主要是油气业）大幅度增长。2020 年，美国自 20 世纪 50 年代以来首次成为能源净出口国，海洋石油开采业快速发展。独立能源咨询机构 Rystad Energy 发布报告称，2025 年美国原油产量有望超过沙特阿拉伯和俄罗斯的产量总和，届时将获得能源霸权。难怪美国挑起俄乌冲突后，即宣布对俄罗斯的油气产业等进行全面经济制裁，妄图以此巩固世界霸权。

相对来说，中国的新兴海洋产业，尤其是海洋油气勘探开采与加工仍然远远落后。海关总署最新数据显示，2018 年中国原油进口量为 4.62 亿吨，对外依存度高达 70.9%。2015 年美国解除原油出口禁令以后，中国已经连续 3 年增加美国原油进口量。2018 年，中国从美国进口原油 1228 万吨，同比增长 60.3%。2022 年 2 月 24 日爆发了俄罗斯对乌克兰"特别军事行动"，以美国为首的西方国家乘机对俄罗斯进行全面经济制裁，世界油气价格暴涨。按照中国的油气对外依存度和原油需求增长需求，无疑必须重点加大海洋油气产业的建设和发展。

岛国日本虽然缺乏自然资源，但日本领海加海洋专属经济区的总面积在世界名列前茅。所以日本把海洋经济作为振兴日本经济的新增长点，想通过开发海洋摘掉"资源小国"之帽，实现"资源大国"之梦。2013 年 4 月 26 日，日本政府内阁会议通过作为日本今后五年海洋政策方针的新《海洋基本计划》。根据这一计划，日本将把振兴海洋产业作为新的经济增长点，官民并举推动海洋资源、能源开发，培育新的海洋技术和海洋经济领域。日本已建成 10 座国家石油储备基地，实际储备容量远大于其对外宣布的容量。日本国家石油储备基地的建设最明显的特点是：油罐基地均建在沿海城市及沿海海域；布局呈大分散、小集中、总体均衡的态势；以港口作为静脉物流网的据点，在全国先后指定 18 个港口，逐步构筑综合静脉物流体系，充分利用港口空间，对沿海工业的大量废弃物进行处理和再利用。日本已成世界造船大国，每年接收的造船订单约占世界造船市场

份额的 30%，造船完工率、新接订单量等各项指标位列全球前三。

党的十八大提出"建设海洋强国"的战略目标，党的十九大进一步提出"加快建设海洋强国"。2016 年出台的《中华人民共和国国民经济和社会发展第十三个五年规划纲要》提出"拓展蓝色经济空间"的新命题，将海洋经济产业、海洋生态保护和海上权益维护并列为建设海洋强国的三个关键领域。"十三五"规划实施以来，全国在拓展蓝色经济空间、坚持陆海统筹、发展海洋经济、科学开发海洋资源、保护海洋生态环境、维护海洋权益等方面均取得可喜成绩。

但必须看到，中国海洋经济仍不发达，海洋产业的实力与美、俄、英等海洋强国相比尚有很大的差距（尤其是人均海洋经济产值方面差距更大）。特别是在海洋油气勘探、生产利用，海洋生物药业，海洋建筑业，海洋休闲旅游等产业方面，还必须虚心学习美国等海洋经济发达国家的经验。按照党中央、国务院的要求，要认真贯彻落实"十四五"规划的各项措施，充分重视和加紧海洋经济建设，积极促进海洋经济科技创新，同时充分重视海洋服务业，包括海洋旅游、海洋运输等产业的发展，加快发展海洋经济步伐，为建设海洋经济强国打好坚实基础。

二、海洋资源竞争、抢夺愈演愈烈

竞争，使人类不断进步。竞争，使人类社会越来越复杂。长期的竞争，甚至发生了一次次为了争夺生存和发展资源的大规模的战争，使人类分成许多不同的种族、不同的利益集团和利益国家。

（一）竞争，往往演变成为战争

竞争与战争相隔并不远。竞争不成往往就演变成战争。

可以说，历史上一切战争都是为了达到经济目的，实质都是争夺资源和生存空间的战争。所要争夺的资源包括太阳能资源、土地资源、河流资源、矿产资源、森林资源及陆上和海上交通要道等。

古代北欧日耳曼民族南下进入拉丁民族地区，原因是北欧天气寒冷，阴雨连绵，不适合农作物生长和生存，于是日耳曼民族各部落如盎格鲁人、撒克逊人、哥特人、法兰克人、汪达尔人等纷纷南下，进入拉丁民族聚居区。中间发生的各种种族冲突甚至战争，都是为了争夺更好的生存资源。

在中国秦朝和汉朝时期，则有匈奴人由北方沙漠地带向南方草原和平原进军，以躲避北方的严寒和风沙，更不断以武力进入河套地区和河西走廊地区。以后魏晋南北朝，五胡十六国时代则是北方少数民族和西北高原少数民族纷纷向平原地区挺进，建立政权。隋唐时期则有北方突厥和回纥通过武力南侵，吐蕃由雪域高原向平原进发。蒙古处于漠北荒芜地带，生产以牧业为主，以牛羊肉为食，缺乏粮食、蔬菜、布匹、茶叶、盐等生活必需品，而不像农业国那样经济可以自给自足。他们渴望有更好更多的生存资源，却往往不是通过通商手段获得必要物资，而是用武力西征、南侵进行抢夺，引起了一次次战争。

欧洲的葡萄牙在15世纪抢得先机，从航海和探险中获取丰厚利益，成为国际强国。西班牙的海上探险和海路贸易则在16世纪后来居上，曾经在全球称雄。17世纪，大肚船的运输队使面积只有几万平方公里的荷兰小国财路亨通。18、19世纪的大英帝国则用炮舰带领庞大的船队从大西洋开到印度洋、太平洋，把侵略的魔爪伸向东方的中国，建立起"日不落帝国"。他们就像贪得无厌的强盗，既霸占海洋的稀有资源，更抢夺沿海国家和民族的一切财富。

近几个世纪以来争夺资源的战争，又使世界分裂成资本主义、社会主义或其他不同社会政治制度的国家。广阔的海洋被许多有强大武力的国家当成自己的聚宝盆。资本主义国家甚至凭借相同政治制度结为联盟（例如北约军事集团等），构成强大利益集团力量，打压别的政治制度的国家，对其输出他们的"民主""自由"政治理念；他们又像穷凶极恶的海盗，对别的国家和民族的海洋资源进行野蛮的掠夺窃取。

20世纪30年代日本军国主义者发动侵华战争，主要是为了中国的海洋资源、土地资源、河流资源、矿产资源和森林资源。日本法西斯军队占领中国海南岛之后首先抢夺全球罕见的高品位的石碌铁矿，修建铁路、码头，用大船将石碌的铁矿石不断地运往日本储存。日本军国主义者占领中

国东北三省后，组织大批日本人以"开拓团"的名义移居当地，妄图彻底控制这片土地。他们甚至妄想霸占中华大地之后把日本国家大众和建设发展重点移到中国。

20世纪发生了两次世界大战，海洋既成为资源争夺的对象，又是炮火连天的战场。"二战"之后，美国的军舰在世界各大洋自由驰骋，横行霸道。以美国为首的北约组织不但要争夺陆地的宝贵资源，而且要霸占整个海洋空间和沿岸的一切社会财富。

"二战"期间，美、日在东南亚一带曾经展开激烈交战。东南亚在"二战"前是英、美、法及荷兰的殖民地。其中缅甸、马来西亚、新加坡是英国殖民地，印度支那半岛越南、老挝、柬埔寨是法国殖民地，菲律宾是美国殖民地，印度尼西亚是荷兰殖民地。这些地方的共同特点是海洋资源丰富，人口众多，物产丰盛，可提供粮食、橡胶、石油、锡矿等战略物资。日本在"二战"中想趁火打劫，霸占东南亚资源，从而引发美日开战。

为了争夺苏伊士运河的控制权，占领西奈和加沙地区大片土地，以色列与埃及、叙利亚等周围阿拉伯国家从1948年到1982年发生了5次大规模中东战争，美、英、法等国家也都被卷入其中，联合国不得不进行调停。

资本主义国家为达到掠夺资源的目的，经常是政治的和军事手段并举，或者交替使用。他们往往通过政治上的渗透、施压迫使别的弱小国家或民族屈服，拱手送出自己的宝贵资源。政治手段不能奏效则动用军队发动战争，以武力进行抢夺。资本家总是不惜用民众的鲜血浇灌资本主义的躯体。

列宁说，资本主义必然产生战争和掠夺。因为垄断资本主义的本质是掠夺的、贪婪的和侵略的，竞争是垄断资本主义之间的固有特性。"'战争是政治通过另一种手段（即暴力）的继续。'这是熟谙军事问题的作家克劳塞维茨说过的一句至理名言。马克思主义者始终把这一原理公正地看作考察每一场战争的意义的理论基础。"[①] 列宁还指出，在相当长的历史时

---

① 《列宁选集》第二卷，人民出版社1960年版，第673页。

期内，组成资本主义社会的仍然是民族国家，因各自的民族和国家利益，它们之间必然存在着错综复杂的矛盾和对抗，为了争夺地球资源而不可避免地发生战争。

5 个多世纪以来，西方资本主义强国你方唱罢我登场，最主要是为了争夺海洋资源，或者想通过浩浩荡荡的大海争权夺利。

"1914—1918 年的战争，从双方来说，都是帝国主义的（即侵略的、掠夺的、强盗的）战争，都是为了瓜分世界，为了瓜分和重新瓜分殖民地、金融资本的'势力范围'等而进行的战争。"①

1939—1945 年发生的第二次世界大战实质上也是帝国主义之间争夺世界资源的战争。各国人民为反抗法西斯的掠夺和压迫，付出了巨大的代价，最后还是由几个大国瓜分世界资源、划分势力范围。在瓜分世界资源、划分各自势力范围、霸占世界人民反法西斯胜利果实的过程中，美、英、法等资本主义国家满口仁义道德，为自己的野蛮行为辩护，实则六亲不认，绝情绝义。

（二）联合国也被藐视的恶意竞争——战争

70 多年前，"二战"胜利之后，为了平息战争，促使对世界资源的竞争有序进行，美、苏、英、法等强国牵头成立全球性的组织联合国，中国作为"二战"的战胜国也成为联合国发起国之一。

《联合国宪章》是 1945 年 6 月 26 日联合国国际组织会议结束时在旧金山签字的，于 1945 年 10 月 24 日生效。《联合国宪章》讲明联合国之宗旨为：维持国际和平及安全；并为此目的采取有效集体办法，以防止且消除对于和平之威胁，制止侵略行为或其他和平之破坏；并以和平方法且依正义及国际法之原则，调整或解决足以破坏和平之国际争端或情势；发展国际间以尊重人民平等权利及自决原则为根据之友好关系，并采取其他适当办法，以增强普遍和平；促成国际合作，以解决国际间属于经济、社会、文化及人类福利性质之国际问题，且不分种族、性别、语言或宗教，

---

① 《列宁选集》第二卷，人民出版社 1960 年版，第 732 页。

增进并激励对于全体人类之人权及基本自由之尊重；构成一协调各国行动之中心，以达成上述共同目的。联合国总部位于美国纽约。联合国总部大楼于1949—1950年兴建，土地购自纽约的房地产商威廉·杰肯多夫，面积达17英亩（约6.87973公顷）。

中国是联合国安理会常任理事国。但在新中国成立后，蒋介石反动政权长期非法窃据中国在联合国的席位，直到1971年10月25日第26届联合国大会才通过恢复中华人民共和国在联合国的合法席位的决议。

50多年来，在联合国体系下，中国积极承担国际责任，成为联合国安理会常任理事国中为联合国维和行动派出人员最多的国家，同时在经济、农业、医疗等领域与各国分享经验，开展合作，为世界的和平与发展做出积极贡献。

但是，长期以来，超级大国美国实际上只把联合国当摆设，或者是他们可以利用的工具。以美国为代表的一些西方国家从不认真遵守《联合国宪章》，不但没有对联合国尽到自己的责任和义务，而且总是想利用联合国的名义谋私利。1950年发生朝鲜战争的时候，美国就纠集了十多个国家拼凑成所谓的"联合国军"入侵朝鲜半岛。

1982年，《联合国海洋法公约》正式通过，其宗旨是解决全球各处的领海主权争端和海洋天然资源管理，以及处理海洋被严重污染等问题。《联合国海洋法公约》也对内水、领海、邻接海域、大陆架、专属经济区（亦称"排他性经济海域"）、公海等重要概念做了界定。

从20世纪到21世纪，世界各国围绕海洋权益的争夺日趋激烈。正是基于海洋的特殊战略地位，"冷战"结束后，虽然各主要国家大量裁军，但海军的军费开支和军备竞赛却不断升级。几十年来，国际间的海洋争端此起彼伏，热点突出，为争夺渔场、岛屿和划分海洋疆域而引起的国际冲突接连不断。如英国与阿根廷之间的马尔维纳斯群岛之战、希腊和土耳其之间的伊米亚岛之战、日韩间的独岛之争、中日钓鱼岛争端、东南亚各国在南沙群岛主权问题与中国之争等，世界各国围绕渔业的纠纷对峙更是此起彼伏。21世纪是"海洋世纪"，各国对海洋资源的争夺更加激烈和残酷。

中国作为古老的海洋大国，一个多世纪以来因此而深受其害，吃了很多苦头，也收获了很多宝贵的经验教训。

根据 1945 年 8 月的《波茨坦公告》，日本无条件投降之后，其主权只限于本州、北海道、九州、四国及盟国所决定的其他小岛之内；日本军国主义必须永远铲除；对战争罪犯将严加惩处；不准日本保有可供重新武装的工业；台湾岛及其附属岛屿，南海诸岛都应该属于中国的领土。

但是，以美国为首的资本主义阵营藐视国际公约、丢弃国家的基本信誉，阻挠中国解放台湾；美国阳奉阴违，长期培养扶植日本军国主义；对于钓鱼岛、琉球等岛屿，美日之间私相授受，埋下今日的东海争端的祸患；美国还鼓动东南亚国家敌视中国，侵占中国在南海的部分岛礁；美国至今不断在南海搅局，挑起南海争端。

压迫与抗争，掠夺与反掠夺，侵略与防卫，海洋上的斗争年年日日从未停止。它是号角，唤醒了华夏民众对"海洋中国"的重视和热爱；它是战鼓，催发了中国建设海洋强国、实现中华民族伟大复兴的激情。

（三）倡导"一带一路"，做和平竞争、发展的典范

与某些资本主义、帝国主义国家的海盗式海洋文化和观念完全不同的是，中华民族历来是讲仁义、信用，爱好和平的民族，中华文化是黄土地与蓝色海洋自然融合为青绿的充满生命力的文化。

和平、和睦、和谐是中华民族 5000 多年来一直追求和传承的理念，中华民族的血液中没有侵略他人、称王称霸的基因。在 5000 多年的文明发展中，中华民族一直追求和传承着和平、和睦、和谐的坚定理念。2000 多年前，汉代的张骞带着和平的目的出使西域，打通东西交通之路，开启了陆上丝绸之路"使者相望于道，商旅不绝于途"的千年盛况；500 多年前，明代的郑和率领当时世界上最庞大的船队，7 次下西洋，到访了 30 多个国家和地区，带去的不是火与剑，而是和平友谊的种子，留下了友好交往、文明传播的佳话。至今，新加坡、马来西亚、泰国等地区还有很多"三保庙"，而且四时香火兴旺。当地老百姓世代都在虔诚纪念中国的航海家、外交家三保太监郑和。

作为中华优秀传统文化的忠实传承者和弘扬者，中国共产党从成立之

日起就秉承中华民族文明血脉中的和平基因。中国共产党领导的新中国深知和平的可贵，也具有维护和平的坚定决心。中国在 1964 年拥有自己的原子弹之时就向世界声明任何时候都不会首先使用核武器。当时，在面临外国核武器威胁的情况下，中国自己只能"深挖洞，广积粮"。中国从没有要掠夺他国的资源，或者在任何国家派驻一兵一卒。

中国是社会主义国家，与其他国家既有合作也有竞争，那是正常的竞争，是走正道的竞争、和平的竞争。中国不可能也绝对不会用武力掠夺别国的资源包括丰富的海洋资源。绝对不会像某些霸权主义国家那样对弱小国家进行欺压、剥削，以掠夺别的国家的资源来发展自己、壮大自己，而是以自己的实干和勤劳来实现国家强盛、民族复兴的梦想。

中国关注人类前途命运，愿同世界上一切进步力量携手前进。中国始终是世界和平的建设者、全球发展的贡献者、国际秩序的维护者。中国是和平竞争、发展的典范。进入 21 世纪以来，中国不断扩大开放，既倡导共建陆上丝绸之路经济带，又倡导共建 21 世纪海上丝绸之路，宣扬多边主义，主张合作共赢，以实现"人类命运共同体"全面、真正的幸福生活。

放眼世界，远望未来，屹立当前。面临国际海洋资源竞争越来越紧迫，越来越复杂，越来越尖锐的形势，中国也不能放松警惕，而必须大力强军、强海军，捍卫自己的海权，保卫国家的核心利益，以加快发展海洋经济。对于那些藐视《联合国宪章》、置国际公约于不顾、妄图挑战中国海权，侵犯中国的核心利益的霸权主义行径，则必须坚决给予回击。人若犯我，我必犯人。朋友来了有好酒，豺狼来了有猎枪。

三、海运：海洋经济的命脉

"刳木为舟，剡木为楫，舟楫之利，以济不通，致远以利天下。"（《易·系辞下》）中国古人很早就懂得利用江河湖海进行交通运输，以克服山川阻隔之困难，便于人员往来，货物交流。

美国海洋学者佩恩在《海洋与文明》中说："人类社群在世界上的分布证明，我们的祖先在几万年之前就开始在水上活动了"，"人类远离陆地的航行至少有 1.3 万年的历史"。佩恩在书中列举了古代埃及、希腊、罗马、阿拉伯、中国的航海事例，说明海洋运输越来越受到人类的重视和运用。[①] 海洋运输所带来的广泛、便捷的地域交流，很大程度上推动了人类社会的经济发展和文明进步。

近代，集装箱的发明和推广应用，促进了海洋运输的快速发展，对推动经济全球化产生了巨大作用。

当今，海洋运输是海洋经济的命脉，是发展海洋经济所不可缺少的关键一环。任何国家的经济平衡和增长都离不开贸易，而贸易的最重要载体就是海洋运输。国际贸易绝大部分依靠海运完成。

无论时代如何变迁，海运作为全球贸易龙头的地位始终没有变，至今仍然无可替代。海运更与工农业生产、市场消费、技术交流等密切关联，相辅相成。任何一个经济大国的发展都离不开海运。

海运是全球贸易和世界经济增长速度的晴雨表。据联合国贸易发展促进会统计，按重量计算，海运贸易量占全球贸易总量的 90%；按商品价值计，则占贸易额的 70% 以上。2018 年全球海运货物贸易量约 120 亿吨，其中干散货占 44%、石油占 27%、集装箱货占 16%、三大货类（煤、矿、粮）合计占 87%。这一数据充分体现了海运在全球贸易中的不可替代作用。中国与"一带一路"沿线国家的贸易，海运在进口中占比 61%，在出口中占比 74%。

海运在世界现代贸易中的作用不可替代。为什么？以下用事实来说明。

第一，海运的成本优势不可替代。在目前所有的国际贸易方式中，海运一直以来都是最经济的运输方式。根据估算，2016 年，平均只需支付 1 美元即可将 1 吨货物在海上运输 110 英里。有数据显示，从 10 吨/公里的运输成本来看，海运是公路运输的 1/26，是航空运输的 1/95。

第二，海运的全球网络优势不可替代。海运的全球网络化布局具有铁路、公路等运输方式所不可比拟的优势。以网络化特征最为明显的集装箱

———————

① ［美］林肯·佩恩：《海洋与文明》，陈建军、罗燚英译，天津人民出版社 2017 年版，第 9 页。

班轮为例，目前全球仅班轮航线就有 2100 多条，东西航线、南北航线和区域内航线纵横交错，覆盖广泛，形成了密集高效的市场网络，而且这个网络是全球化的，是陆海空连通的。

第三，海运的适货性不可替代。海运主要靠船舶，长远的海运靠的是巨大的货轮。几千吨、上万吨甚至几十万吨的货轮比起飞机、汽车、火车根本不是一个重量级的，所谓"大肚能容天下难容之事"。海运几乎可以运输所有种类、所有形态的商品——标准化的集装箱，煤炭、铁矿石、粮食等干散货，石化油气等液体散货，更有超大、超重的特种件，比如大型发电设备、高铁机车、海上石油钻井平台等。某国的空客大飞机大部件，主要是通过海运拉回来再组装的，中远海运是空客公司的唯一承运方。海运的这些特点打破了其他运输方式在尺寸、重量、形态等方面的局限，体现海运在贸易运输中的不可替代性。

第四，海运与贸易税率的关联度不可替代。贸易领域的任何变化都会直接影响到海运；反过来，海运情况的任何变化也一样影响贸易领域的变化。以中美贸易摩擦的一组数据为例：单从中美贸易量来看，如果 2000 亿美元商品税率保持在 10%、500 亿美元商品税率保持在 25%，海运贸易量将会减少 3300 万吨；如果 2000 亿美元商品税率提高到 25%、500 亿美元商品税率保持在 25%，海运贸易量将会减少 4600 万吨；如果 2000 亿美元商品税率提高到 25%、500 亿美元商品税率保持在 25%，2670 亿美元商品税率为 10%，减少的海运贸易量为 5200 万吨。由此而不难看出，美国横蛮地提高关税挑起贸易战，必然影响国际贸易的正常进行，同时也影响世界经济的发展速度，其结果只能是损人又不利己。当然，贸易税率的变化也会影响到国际贸易中的陆运、空运，但其关联度绝对没有海运那样密切。

（一）海运是经济全球化的先导

海运业依海发展，因海而兴，航线连接五大洲四大洋。海运市场、海运业天生具有全球化属性。国际海运产业转移已经演进为产业链条、产品工序的分解和全球化配置。市场经济规律是：对低成本的追求是跨国公司进行全球产业要素配置的动力。航运业由于拥有运量大、运距长、运费低廉、节能环保等优点，是世界经济和国际贸易重要产业链中不可缺少的一环，跨国公司为了使利润最大化，必然把海运作为推手不断推进经济全球化。

第一，海运客户全球化。目前全球各个国家都需要大量进口自己短缺的商品：中国、印度、日本、韩国和西欧等国为世界煤炭的进口主体，原油进口大国主要有美国、欧洲、日本、中国和印度。谷物如小麦、玉米和大豆等，种植地主要集中在美国、阿根廷、巴西，他们与人口大国中国的谷物交易占据着全球谷物交易市场近60%的份额。而谷物的交易和运输，最主要靠海运。海运的客户遍布全球的各个角落。

第二，海运雇员全球化。海运企业要参与国际竞争，就要成为国际化程度高的全球公司，以提高效率、降低成本。其中最重要的就是解决雇员问题，哪里有合适的人才和劳动力，就从那里招聘。2021年，中国共有注册船员176万余人，船员数量居世界第一，其中有相当部分是外国雇员。中国的中远海运集团境外员工总数近2万名，其中外籍员工比例达到97%。

第三，海运管理全球化。国际贸易与海运形影不离，通五洲、达四海，海运企业的管理自然必须与全球各地的环境相适应。中国的海运企业也莫不如此。跨国的中远海运集团在海外有10大区域公司、1050家企业。因此要实施跨文化管理，在异域文化环境中做到资本相容、智力相容、文化相容，把不同文化背景的各国员工凝聚起来，共同实施企业经营战略。海运管理必须和必然越来越对外开放。

（二）"21世纪苏伊士运河危机"再次突显海运的重要性

苏伊士运河是世界上最繁忙的贸易路线之一，每天有50多艘船只通过苏伊士运河。全球10%～12%的贸易量由这条运河输送，其中包括全球贸易中5%～10%的液化天然气、原油和成品油等能源商品，也包括服装、家具、汽车零部件等大宗消费品。

2021年3月23日，中国台湾长荣海运股份有限公司"长赐号"集装

箱货轮在苏伊士运河打斜搁浅一个星期，不仅"拦住"了437艘船只前行的道路，对全球货物供应链也造成了巨大的影响。大量物资无法及时流通，导致全球油价上涨，生鲜商品库存量激增，疫情因防疫物资短缺随时再次爆发。"长赐号"的搁浅意外地演变成"21世纪苏伊士运河危机"。据估计，该次苏伊士运河的突发封锁导致每小时产生4亿美元的巨损，每日约100亿美元的海上运输中断。

苏伊士运河是中国与欧洲等地货物运输的重要海上通道。此次苏伊士运河堵塞也影响了中国企业的交货收货，相关航运的运价出现了一定的波动，中国商务部不得不密切关注此次堵塞事件的进展，第一时间向海内外媒体说明情况：我们联系了有关的商协会和企业，了解情况，从各方反馈的情况看，总体上，此次事件对中国外贸的影响是突发的、短期的、局部的。

"长赐号"集装箱货轮在苏伊士运河打斜搁浅看似偶然事件，在全世界却引起各国政要、各地经济巨头、各大媒体的高度关注。苏伊士运河堵塞事件引起了世界对其他海运咽喉如巴拿马运河、马六甲海峡、霍尔木兹海峡、好望角等的极大关注。可见海运对人类的商贸、军事活动是何等的重要。

总之，海运是国际化和多边主义的天使，是人类命运共同体不可缺少的媒介。中国要想成为海洋经济强国，就要密切关注海运、十分重视海运，采取有效的改革措施做大做强自己的海运事业。要借船出海，更要造船出海。在"一带一路"倡议指引下，国家的外交、军事等方面通力支持配合，海运企业奋力拼搏，使中国的海运航线织遍五大洋，通达五大洲，为建设海洋经济强国做出更大贡献。

四、船舶工业：发达海运和强大海军的前提

没有船，哪来海运？没有舰，成不了现代化海军。

70多年前，新中国的船舶制造工业从十分薄弱的基础起步，到了今天，中国已成为世界主要的船舶制造国家。中国船舶工业为国家发展海运事业和建设强大海军创造了良好条件，提供了强力的保证。

回顾 70 多年来中国船舶工业艰苦卓绝的发展历程，大致可分为 3 个阶段：第一个阶段是 1949—1978 年，是新中国船舶工业打基础的重要时期；第二个阶段是 1979—2008 年，是中国船舶工业乘改革开放的春风，加速发展的时期；第三个阶段是从 2009 年至今，是中国经济跃居世界前列，促进船舶工业振兴、转型、升级的时期。

（一）"一五"是新中国船舶工业打基础的重要时期

新中国成立之初一穷二白，加上 1950 年朝鲜战争爆发，美帝国主义妄图借此将社会主义中国扼杀在摇篮中，加上国内外反动势力乘机进行破坏，中国处于内外交困局面，国民经济的恢复和发展举步维艰。本来就十分薄弱的工业基础摇摇欲坠，交通运输、船舶制造更是难以发展。

面对新中国前进路上的重重困难，毛泽东主席和党中央以大无畏的气魄领导全国人民坚持独立自主、自力更生方针，全党同志、全国人民团结一心，共克时艰，艰苦奋斗，国民经济很快得到恢复和发展。1952 年，中国工业总产值比 1949 年增加 1.45 倍，年增 34.8%。之后，中央制定实施了第一个国民经济发展五年计划（简称"一五"计划，1953—1957 年），确定以重工业优先发展战略，集中力量进行 156 个工业项目的建设，中国在工业和交通建设方面取得了伟大成就。例如：工业方面，1953 年年底，鞍山钢铁公司大型轧钢等三大工程建成投产；1956 年，中国第一个生产载重汽车的工厂——长春第一汽车制造厂生产出第一辆解放牌汽车；中国第一个飞机制造厂——沈阳飞机制造厂成功试制第一架喷气式飞机；中国第一个制造机床的工厂——沈阳第一机床厂建成投产。工业基地的建设形成了以鞍山钢铁公司为中心的东北工业基地；华北和西北也建成了一批新的工业基地；沿海地区的工业基础得到加强。交通方面，到 1957 年年底，全国铁路通车里程达到 29862 公里，比 1952 年增加 22%。五年内，新建铁路 33 条，恢复铁路 3 条，新建、修复铁路干线、复线、支线共约 1 万公里。宝成铁路、鹰厦铁路、武汉长江大桥先后建成。到 1957 年年底，全国公路通车里程达到 25 万多公里，比 1952 年增加 1 倍。川藏、青藏、新藏公路相继通车。与此同时，"一五"期间，中国在农业生

产、教育、文化事业方面也有了很大的进步。

"一五"期间，发展船舶制造工业更是被提到重要议程。

新中国成立之初，中国的船舶制造工业主要是学习和引进苏联的技术，国家集中资金、物资和人才对江南、沪东、求新、芜湖、武昌、广州等船厂进行技术改造，同时还新建了船用高中速柴油机、仪器仪表、特辅机、水声设备、水中兵器等一批关键配套工厂。这使中国船舶制造工艺流程有很大改进，机械化程度提高，造船周期缩短，造船质量和产量得到很大提高。船舶工业战线的广大干部职工以高涨的社会主义热情和干劲，积极探索建造中国自己的万吨巨轮。

当然，船舶制造作为社会经济重要的行业，又是各项科学技术的综合体现，要在短时期内打好与时代相适应的现代化基础，赶上先进发达国家的船舶制造水平，并不是一件容易的事情，必然要经历曲折艰苦的探索过程。

（二）"跃进号"沉没的教训

这是新中国船舶制造工业和海运事业从起步到发展的过程中，人们不愿提及又不能不提的历史事件。

在"一五"计划打好工业，尤其是船舶制造工业的基础上，新中国决定制造第一艘万吨远洋货轮"跃进号"。该船由苏联专家帮助设计，大连造船厂建造，采用当时最新的全套机械化、自动化、电气化技术设备，载货量1.34万吨，满载时吃水深度9.7米、马力1.3万匹、航速每小时18.5海里，能够续航1.2万海里，可以中途不靠岸补充燃料直接驶抵世界各主要港口，能在封冻的区域破冰航行。

"跃进号"于1958年9月开工建造，1958年11月27日建成下水。从船台铺底到船体建成下水，只用短短58天时间，其船台周期纪录是世界的创举，标志着中国船舶工业水平的飞跃。大连造船厂为了纪念这一社会主义建设的重大成就，特地制作一枚铜质镀金纪念章。邮电部于1960年12月15日发行特种邮票"中国制造的第一艘万吨远洋货轮"，票面以蓝色为基调，象征新中国蓬勃发展的海洋船舶运输事业，画面为"跃进号"

乘风破浪在大海中航行的正面英姿，船头有"跃进"二字。这是北京邮票厂印制的第一套特种邮票。

1963 年 4 月 30 日下午，"跃进号"装载着 1.3 万吨玉米和 3000 多吨矿产及杂货，驶离青岛港，开往日本名古屋市门司港。当时，各大媒体载文欢呼"我国第一艘万吨远洋货轮远航"，盛赞新中国社会主义建设的这一伟大成就。中央媒体盛大热烈的宣传报道，让全国人民欢欣鼓舞。

让人意想不到的是，5 月 1 日中午，当"跃进号"航行到韩国济州岛附近的苏岩礁海域时，突然向国内发出"我船受损严重"的电报。下午 2 时 10 分，交通部收到了"跃进号"第一次发出的"SOS"国际求救信号。很快，"跃进号"沉没于茫茫黄海之中。

1963 年，正值东西方"冷战"、中苏不和雾重霾障之时，新中国第一艘万吨巨轮沉没之谜，给"高天滚滚寒流急"的上空添加上一层厚厚的疑云。

中国政府对"跃进号"的沉没高度重视。在周恩来总理的亲自指挥下，国家派出最强大的潜水作业船和战斗舰艇组成的编队，于 5 月 19 日 6 时到达"跃进号"失事海域进行调查。经过前后 72 人次的潜水员艰苦探摸，至 26 日终于搞清了"跃进号"沉没的准确位置和确切原因。

6 月 3 日，新华社向全世界播发了电稿：中国交通部为了进一步查明"跃进号"沉没的真实原因而派出的调查作业船队和中国人民解放军海军协助调查的舰艇在苏岩礁周围海域经过 15 天的调查作业，在北纬 32 度 6 分、东经 125 度 11 分 42 秒处发现沉没了的"跃进号"船体，经过周密调查分析，已经证实"跃进号"是因触礁而沉没的。

这就排除了当时多数人猜测的"跃进号"是被帝国主义或者是"修正主义"反动派的鱼雷击沉的可能性，也否定了是中国自己的造船工艺有缺陷而沉没的推断。

这场虚惊，对新中国的船舶制造、航海装运及航海驾驶事业发展来说是一次十分沉痛而又非常有益的教训，尤其是对中国在航海装运及航海驾驶方面的严重教训，新中国确实十分缺乏这方面的人才和经验。

失败是成功之母。可是，此后在国家船舶工业发展中，有的人却"一朝被蛇咬，十年怕井绳"。有一段时间，中国从上到下曾经出现"造船不

如买船，买船不如租船"的杂音。

1965年12月31日，在那倒海翻江卷巨澜的岁月，中国又一艘万吨级远洋货轮"东风号"在江南造船厂建成交付，并且乘风破浪，扬威四海。这是中国自行设计，材料、设备基本立足国内生产制造的万吨级远洋货轮，反映了当时中国船舶设计、制造水平以及船舶制造工业配套生产能力。

至此，新中国船舶工业经过勇敢探索和艰苦奋斗，已经打下了坚实的基础，为今后的快速发展开拓了新的坚实道路。

（三）改革开放，中国船舶工业乘风破浪

实行改革开放以来，中国的市场经济蓬勃发展，钢铁、机械制造等重工业和电子工业、电力工业齐头并进，国营的、民营的企业竞相发力。中国的船舶制造工业则鼓起风帆，乘风破浪，勇往直前。

1979年12月，"远望号"测量船在江南造船厂建成交付。"远望号"是中国自行研制的第一代综合性海上活动跟踪测量船，代表了中国20世纪70年代船舶和电子工业的技术水平。

1982年1月4日，2.7万吨远洋散货船"长城号"在大连造船厂完工，交付给香港船王包玉刚兄弟。这是改革开放后中国第一艘按照国际标准、适应国际规范、自主设计建造的大型出口船舶。

2002年8月31日，中国自行制造的第一艘超大型油轮（VLCC）在大连新船重工有限责任公司交付伊朗国家油轮公司。

2008年由美国华尔街引发的世界金融风暴，曾经让世界上许多国家的造船工业受到沉重打击。相反，中国的船舶工业在金融危机的冲击下不但没有倒下，反而走上了一条更加成熟稳健的发展道路。这一年，中国造船完工量、新接订单量和手持订单量排名升至世界第二，造船完工量在国际市场份额占30.2%。

2010年，中国造船完工量、新接订单量和手持订单量排名升至世界第一，造船完工量国际市场份额达到43.4%。其中，外高桥造船有限公司完成造船35艘，706万载重吨，成为国内首家年造船产量突破700万吨的企业。

2011 年 6 月，扬子江船业与西斯班航运公司签订了 25 艘万箱船建造订单。整个项目历时近 7 年，扬子江船业攻克了万箱船建造的重重难关，于 2018 年 5 月 25 日交付该系列最后一艘万箱船"达飞·金奈号"。至此，扬子江船业交出了"一单不丢、一船不弃"的圆满答卷，为中国集装箱船建造大型化做出了重大贡献。

2018 年，中国造船三大指标世界排名仍连续保持第一，造船完工量 10 万吨以上的企业已经有 38 家，其中 100 万吨以上的企业有 9 家。中国已成为世界船舶出口第一大国。

伴随世界信息技术革命和先进制造业发展大潮，中国船舶工业在数字化、智能化方面又有长足进步，并努力成为全球船舶工业创新的引领者。

2022 年 1 月 16 日，中国船舶工业行业协会公布的 2021 年造船行业运行数据显示，2021 年，造船业三大指标中国继续保持全球第一，实现了"十四五"的开门红。在这份新出炉的成绩单上，中国船舶企业的造船完工量、新接订单量、手持订单量均占世界总量的 50% 左右，继续保持全球第一。

2021 年，中国有 6 家船舶企业进入世界造船完工量、新接订单量和手持订单量 10 强。其中，中国最大的船舶企业——中国船舶集团，在 2021 年三大造船指标首次全面超越韩国现代重工，成为全球最大的造船集团，实现完工交付船舶 206 艘，占全球市场份额的 20.2%，实现新接订单合同金额 1301.5 亿元，创下自 2008 年以来的最新纪录。

18 种主力船型中，中国有 10 种船型的新船订单量位居世界第一。统计数据显示，2021 年，中国造船业承接了 3219 万载重吨散货船，占全球总量的 76.4%；承接了 2738 万载重吨集装箱船，占世界总量的 60.9%。除了优势船型，中国在高技术、高附加值船舶的国际市场份额持续提升，尤其是双燃料船等重大绿色动力船舶有重大突破。

中国船舶工业行业协会提供的数据显示，2021 年，中国以液化天然气为主的双燃料动力船舶占新船订单的比例，由 2016 年的 2.5% 逐步提高到 24.4%。在高端船型领域，中国承接的化学品船、汽车运输船、海工辅助船和多用途船订单按载重吨计占全球总量的比重均超过 50%。

中国船舶工业行业协会的统计数据显示，2021 年，中国船企相继交

付了出口至欧洲、非洲等国家的高端客滚船，所承建的客滚船运营航线实现了多个海域的全覆盖。①

改革开放 40 多年来，中国船舶制造能力越来越强，在世界造船业的地位不断提高。中国船舶工业无论是在基础设施、生产能力，还是产品品种、质量及技术水平方面都取得了长足的进步，完整的船舶工业体系已逐步建立，由此奠定了中国世界造船大国的地位。在世界前十大造船企业中，中国已占有五席。

中国船舶制造工业的快速发展，大大提高了对国际航运事业的支持力度。各大航运船队的运输船只能及时适应国家进出口贸易需要更新换代，促进中国航运事业向大型化、专业化发展，包括承担铁矿石、石油等战略物资运输的各种需要。

同时，船舶工业快速发展，对中国海洋开发事业的支持能力也得到了明显的提升，例如制造了自升式钻井平台、3000 米水深半潜式钻井平台、7000 米以上深水载人机器人、大型浮式生产储油装置（FPSO）、大型半潜式起重船等一批具有国际先进水平的重大海洋工程装备，世界第六代深水半潜式钻井平台"海洋石油 981 号"、"蓝鲸 1 号"半潜式钻井平台，等等。其中 FPSO 已成为中国船舶工业的优势产品。这些海洋装备技术的成功研制，对中国深海海洋油气的开发起到了重要的促进作用。

（四）船舶工业为建设强大海军提供强力保证

中国人民海军初创之时条件极其艰苦，装备非常落后，以至于海军司令员萧劲光去刘公岛视察时乘坐的是渔船而不是军舰。

半个多世纪以来，中国人民海军舰队的组建与壮大，同中国的船舶制造工业的发展紧密关联，经历了从弱到强、从小到大的艰苦创业发展过程。人民海军的军舰同中国的海运轮船一样开始只能由国家花稀缺的外汇从别的国家购买，而后才发扬自力更生、艰苦奋斗的革命精神，创造条件

---

① 《"十四五"开门红！2021 年造船业三大指标中国全球第一》，中国新闻网，2022 年 1 月 16 日，https://www.chinanews.com.cn/gn/2022/01－16/9653603.shtml。

自己造，从小到大，从简单到复杂，从落后到赶超先进，逐步发展。

20世纪五六十年代，中国的造船工业还处于打基础、求发展时期，造军舰从小、轻、快开始。人民海军舰队的作战方式也突出了轻快、勇猛的特点，例如：

鱼雷快艇，是一种以鱼雷为主要武器的小型高速水面战斗舰艇。适宜于隐蔽、突然地在水面对敌舰进行攻击。在著名的"八六"海战和收复西沙之战中，鱼雷快艇曾经立下赫赫战功。

水翼导弹艇，艇上装备有反舰导弹，由于快艇底部装有双翼，因而航行起来阻力减少了，航速大大提高。由于航速快，机动灵活，攻击威力大，因而能独立战斗。

全浮式气垫艇，是20世纪50年代出现的一种快速艇，其特点是在艇底和贴水部分衬了一层气垫，使船体阻力大为减少。由于船体已高出水面，更适宜于登陆作战。

20世纪50年代末至60年代初，中国的造船工业有了飞快进步，在造舰方面也有了自行设计研制的能力，人民海军的舰艇装备也从小到大，追赶世界先进的军舰装备。

62型护卫艇，具有体型轻巧、巡航快速、火力凶猛、造价低廉的优点，是一型优秀的轻型近海作战舰艇。首艇于1960年5月13日在大连造船厂开工建造，1961年11月23日建成交付。62型护卫艇持续生产了近400艘，是中国海军装备序列中生产数量最多的制式舰艇，可以说为人民海军的发展壮大立下了赫赫战功，也见证了人民海军由近海走向大洋、从小艇到大舰的华丽转身。

潜艇，是一种既能水面航行又能潜入水下活动的舰艇，是公认的战略性武器。中国海军潜艇部队曾多次出色地完成海上作战任务。

导弹护卫舰，是以护航、反潜、巡逻为主要任务的水面战斗舰艇，多以导弹为主要武器。054A型导弹护卫舰是中国人民解放军海军最新一代导弹护卫舰，不仅装备先进的区域防空导弹和远程反舰导弹，还具有航程远、可靠性高、易于量产的优点。

有了上述各种战略、战术舰艇，加上人民海军的大无畏精神，足以实施近海防卫，保证祖国神圣国土不受侵犯。

　　而要建设与变化莫测、快速发展的时代相适应的强大中国人民海军，中国就必须下决心攻克难关，制造为数众多的先进大型军舰，包括航空母舰。

　　中国共产党与中国人民，发扬艰苦奋斗、自力更生的优良传统，充分发挥社会主义集中力量办大事的优势，创造共和国建设发展的各种奇迹。到 20 世纪七八十年代，中国不但能制造各种先进的大型民用货轮，而且能制造各种先进的大军舰，包括核潜艇，为建设强大的中国人民海军提供强力保证，出色完成保卫人民共和国领土安全、保卫社会主义中国海权的光荣任务。

　　091 核潜艇，是中华人民共和国研制的第一型核潜艇。1970 年 12 月 26 日，中国自主研制的第一艘核潜艇成功下水，入役后部署在中国人民解放军海军北海舰队。特别值得一提的是，这种潜艇零部件有 4.6 万个，需要的材料达 1300 多种，全是国产，没有用一颗外国螺丝钉。几十年来，经过不懈努力，中国的核潜艇已经进行至第二、第三代的发展改进。据透露，目前中国最先进的核潜艇——第四代核潜艇已研制完成。许多军事分析家认为，中国的第四代潜艇有可能是电磁推进核潜艇。它的原理就是利用电磁力推进装置做动力，而不是依靠螺旋桨，这使潜艇在航行的时候不会发出任何噪音，就是一艘无声潜艇，这样核潜艇能达到最高航速，比普通高速鱼雷都快，具有强大的杀伤力。

　　2012 年 9 月 25 日，中国的第一艘航空母舰"辽宁"舰正式交付并入列海军。中共中央总书记、国家主席、中央军委主席胡锦涛向海军接舰部队授予军旗。"辽宁"舰的前身是苏联海军的一艘未完工的航空母舰"瓦良格号"。苏联解体之后，中国于 1999 年以一家私人娱乐公司的名义向乌克兰购买了"瓦良格号"，此举一度受到美国等西方国家的干扰、阻拦。在克服种种困难和阻力后，"瓦良格号"于 2002 年 3 月 4 日抵达大连港，由中国船舶重工集团公司大连造船厂对其进行重建再造，在性能方面大力改进。这是中国航母史上的"第一次"，其难度之大可想而知。在国家的高度重视和全力支持下，中国船舶重工集团公司大连造船厂不断攻克各种技术难关。这实际上也是中国造船工业学习别人先进技术，进行科研、实验的过程，为中国研制国产航母创造了条件，打牢了基础。

中国第二艘航空母舰于 2013 年 11 月开工建设。此前，承建单位对航母建造做了总体设计方案并认真进行各种准备工作。建设完全国产的航母，是中国历史上的大事，为世界所瞩目，中国更是举全国之力，精心制造，终于如期完成。经中央军委批准，第一艘国产航母命名为"中国人民解放军海军山东舰"，舷号为"17"。2019 年 12 月 17 日，中国第一艘真正国产航空母舰在海南三亚某军港交付并入列中国人民海军。当日下午，中共中央总书记、国家主席、中央军委主席习近平出席了"山东"舰入列仪式。

"辽宁"舰是中国历史上的第一艘航空母舰，"山东"舰是中国历史上第一艘国产航空母舰。毋庸置疑，第一艘航空母舰"辽宁"舰对"山东"舰的设计、建造起着重要的参考作用。人们发现，"山东"舰从舰体规模、舰载机起降形式、动力系统等，整体方案都与"辽宁"舰高度类似，主要的变化和改进在于舰岛、舰面设施、电子设备等部分。

不管怎么说，"山东"舰的服役使中国海军迈入双航母战斗群的时代，具备了更加稳定和强大的海上作战力量，也为当代中国海军的远海行动提供了更多的选项和可能性，标志着中国的船舶制造和军舰生产，跃上一个新的水平。

到 2017 年、2018 年两年，中国军用船舶工业共完成建造了 44 艘水面舰船（2017 年完成 17 艘），还向国外出口 4 艘。中国军用船舶工业只用了两年的时间，就建造出足够装备一个中小国家的一个海军舰队规模的军舰。有外国军事专家称，中国军用船舶工业造舰速度如"下饺子"一般。从装备水面作战舰船数量来说，中国海军已仅次于美国海军，位列世界第二。

2022 年 6 月，中国第三艘航母"福建"舰下水。

中国海军舰船规模扩张得如此迅速，战斗力迅速增强，依靠的是中国的经济实力和综合国力显著的提升；依靠的是国家重视军用船舶工业的发展，十几年不断努力，对先进军用船舶技术的不断积累；也是中国船舶工业彻底摆脱外国军用舰船的设计风格和建造理念，十几年独立自主创新发展所结出的丰硕成果。

目前，中国已经拥有大连船舶重工集团有限公司、江南造船有限责任

公司、渤海船舶重工有限责任公司、沪东中华造船有限公司、中船黄埔文冲船舶有限公司、武昌船舶重工集团有限公司、广船国际有限公司、辽南造船厂、中船桂江造船有限公司等一批实力雄厚、技术全面、人才济济的大型造船企业，以及众多的军工船舶研究院所，大批高端工程技术人才。完全可以肯定，人民海军的装备将更加先进、完善，实力会越来越壮大。

（五）中国船舶工业发展的挑战与机遇

当前，世界正在经历百年未有之大变局，美国挑起的对中国的贸易摩擦硝烟弥漫，搅乱全球商业正常运作。新冠疫情暴发以来，世界经济雪上加霜。造船行业与全球经济贸易形势关联密切。当前不景气的世界经济形势给船舶行业的发展带来了巨大压力，世界船舶市场低迷，经济效益下滑，行业失业人数攀升。

中国造船业作为传统产业的典型代表，兼具劳动密集型、资金密集型、技术密集型等特点。目前，国内的1000家造船企业技术力量和技术水平、船舶工业制造和生产能力等参差不齐，与世界先进造船技术水平、生产制造能力仍存在一定差距。中国虽然是造船大国，但技术创新能力依然欠缺，不少高端和关键技术还要靠从外引进才能解决。总体上看，中国要成为真正的造船强国，既要克服外部复杂形势存在的重重困难，又必须克服船舶工业自身低端产能过剩、高端产能不足的明显弱点，努力提升发展质量。

"山重水复疑无路，柳暗花明又一村。"当前的大变局，对丁中国船舶制造工业来说，既有严峻挑战，也有难得的发展机遇。中国共产党领导的中华人民共和国14多亿人民团结一致，奋发向上，这就是船舶工业走出困境、重新振兴的最有利大局条件。

中国庞大的内需市场不断释放，对外开放不断深化，形成更加开放的经济格局，这是中国船舶工业所拥有的得天独厚的市场条件。

中国已经形成了一些具有世界影响力的骨干船舶企业，将在全球造船业竞争中发挥主力军作用。当前，5G、物联网、人工智能等信息技术在中国呈现飞速发展态势，全球领先，推动了先进制造业发展，这也为中国船舶工业转型升级、赶超先进创造了雄厚的技术条件。

党和国家已经出台了国民经济发展的"十四五"规划。"十四五"时期，我们致力于实现经济发展取得新成效，改革开放迈出新步伐，社会主义市场经济体制更加完善，社会文明程度得到新提高，社会主义核心价值观深入人心，生态文明建设实现新进步，民生福祉达到新水平，国家治理效能得到新提升。尤其是"中国制造2025"等一系列新思路，为中国船舶工业持续稳定健康发展指明了方向。

在新的征程中，中国船舶工业应该紧随国家战略需要，赶上工业互联网潮流，积极深化体制改革，主动进行结构性产能调整，持续推进造船模式转变，努力开拓新的市场领域，为船舶工业持续健康稳定发展拓展新的道路。

一是要加强信息化建设。充分利用信息技术，首先要做到计划管理信息化。船舶企业应建立统一的涵盖整个造船流程的计划管理信息平台，优化造船流程的时间、空间顺序，形成以线表时间为节点的标准周期。有条件的船企应像其他行业的现代化企业一样建立数据处理中心，通过各种信息进行筛选与分析，从数据中心获取计划准时率、工时效率、工资计算、质量统计等信息数据，从而建立一个真正的数字化和信息化的造船企业。

二是要探索船舶工业军民融合深度发展。加快形成全要素、多领域、高效益的军民融合深度发展格局，丰富融合的形式，拓展融合范围，提升融合层次。

三是要增强船企在建设海洋经济强国的责任感。中国的船舶制造行业，是建设海洋经济强国的重要方面军、生力军。海洋经济包括海洋运输业、海洋船舶业、海洋养殖及捕捞业、海洋能源开发业、海洋旅游业及海洋服务业等。作为涉海范围最广的行业领域之一，造船企业在海洋强国的建设上理应当仁不让、勇拔头筹。

四是要继续发展"高大上"的大型海洋工程装备。目前，中国船舶工业在大型深水海洋装备领域已经取得了长足进步。自升式钻井平台技术已经逐步取代新加坡成为世界第一，3千米级超深水半潜式钻井平台已经批量交付并投入使用，大型起重铺管船、风车安装船等海洋工程类船舶已经陆续交付并投入使用。未来，中国将继续在大型海洋工程装备上发力，研

发建造集"采—炼—储"于一体的具有多个模块功能的诸如 FLNG（浮式液化天然气储存装置）之类的大型浮式生产储存装置，进一步提高深水油气的开采能力和水平。同时，中国还将积极进行大型海上浮体在海水养殖、海上移民、基地保障、工业利用等方面应用的可行性研究，并尽早实现产业化，在海洋资源勘探领域有更大作为。

中国船企在开发新能源的大潮下，在风车安装船上已经做出大文章，还可以在固定/移动海上太阳能电厂的建设及改造领域、建设陆基及浮式潮汐能电站等方面进一步发展。随着"蛟龙号"的成功下潜，中国深海空间站的建设已经被提上了议事日程，积极围绕该项目研发与建造深海运输载体等一系列深海结构物，也是造船人未来的使命与担当。

海洋渔业在海洋经济中占有较大比重，但中国在渔船设计建造方面明显滞后。而对于一些规模相对较小的造船企业来说，完全可以根据实际情况，因地制宜，积极拓展吨位相对较小、设备先进的远洋渔船建造市场。

经过 70 多年的努力，中国船舶工业从小到大，从弱到强，产业能力愈加坚实，在全球造船行业确立了举足轻重的国际地位，产业规模占全球的份额超过四成，基本实现了全品种全系列，产品覆盖全球各地。当前，中国船舶企业要抓住机遇，解除各种思想束缚，充分调动各种积极因素，积极强化自主研发，不断实现创新突破，必能创造新的局面，为建设海洋强国做出新的更大贡献。

五、海洋资源配置，计划与市场有机结合

绿水青山就是金山银山。发展经济、建设社会主义现代化国家，必须谨记这个基本道理。建设海洋强国是建设社会主义现代化国家的一部分，同样必须谨记这个基本道理。

建设、发展海洋经济，相比于其他领域的社会经济建设，有其特殊的情况，更要懂得保护、爱惜绿水青山的重要性。

建设、发展海洋经济，首先必须解决好如何配置海洋资源问题。决不可以为了利用海洋资源而破坏海洋环境，牺牲绿水青山。

国家强盛了，有足够的军事力量抵御外国对自己沿海地区、岛屿、领

海的侵占，保卫自己的领土和海防。但是，如果海洋环境保护、海洋资源的利用和配置方面做得很差、很失败，海洋生态环境便会遭受严重破坏。没有了绿水青山，发展海洋经济也只能是一句空话。

建设、发展海洋经济，保护海洋环境和配置海洋资源是密切关联的。海洋资源的开发利用，一定要注意保护好国家领海及经济专属区域的自然生态环境。海洋自然生态环境得到保护，也就保护了海洋的水资源、海洋的水产资源、海洋能源资源、海洋旅游资源、海岸的旅游度假资源等宝贵资源，使之更具价值。就算是海底的油矿开发和生产加工，也必须十分注意保护海洋的自然生态环境。如果因海底的油矿藏开发而造成海洋的严重污染，威胁人类的生存，挖出再多宝藏又有什么意义？

（一）海洋经济建设必须坚持生态优先

2021年3月15日，习近平总书记主持召开中央财经委员会第九次会议并发表重要讲话。习近平总书记强调，实现碳达峰、碳中和是一场广泛而深刻的经济社会系统性变革，要把碳达峰、碳中和纳入生态文明建设整体布局，拿出抓铁有痕的劲头，如期实现2030年前碳达峰、2060年前碳中和的目标。

2021年4月22日，国家主席习近平在北京以视频方式出席领导人气候峰会并发表重要讲话，正式宣布中国将力争2030年前实现碳达峰、2060年前实现碳中和。这是中国基于推动构建人类命运共同体的责任担当和实现可持续发展的内在要求做出的重大战略决策，是中国向世界做出的庄严承诺。

2021年3月出台的"十四五"规划纲要就提出要重点实施巩固和提升海洋生态环境的保护举措，维护海洋生态环境的可持续性。其中具体规定："严格控制围填海规模，加强海岸带保护和修复"，"拓展入海污染物排放总量控制范围，保障入海河流断面水质，加快推进重点海域综合治理，构建流域—河口—近岸海域污染防治联动机制"。

2021年4月30日，习近平总书记在中央政治局集体学习上强调："做好国土空间规划，调整并进一步明确生态保护红线、环境质量底线、资源

利用上线。要深入开展资源国情宣传教育，推动全社会牢固树立资源节约利用意识。"习近平总书记强调的"做好国土空间规划、调整"当然包括对我们国家蓝色国土的合理规划、生态环境保护。

建设海洋强国，发展海洋经济，生态保护应成为推动蓝色经济前进的新风帆。要将生态环境保护纳入蓝色经济的总体范畴，催化生态环保产业与海洋经济之间新的化学反应，为蓝色经济发展提供新的动能。要以生态文明发展理念指导海洋开发，尊重海洋、顺应海洋、保护海洋。发展海洋经济绝对不可以违背海洋生态保护优先的原则。

实现碳达峰、碳中和的目标原则，是以习近平同志为核心的党中央一再强调的重要原则问题。海洋经济建设要实现碳达峰、碳中和，首先必须正确认识和处理政府与市场的关系，发挥政府的主导和计划作用。无论是中央政府各有关部门，还是沿海各省市地方政府，都应该正确处理经济（包括大陆经济和海洋经济）发展与环境保护，尤其是海洋生态环境保护的辩证关系，把环境保护尤其是海洋生态环境保护放在首位，"明确生态保护红线、环境质量底线、资源利用上线"，认真切实地规划和监管。在这个前提下，才可考虑在海洋渔业、海洋盐业、海洋养殖业等民间传统海洋产业，以及某些合适的海洋新产业的发展政策方针上，适当引入市场因素，动员各种积极因素，引入高素质的企业参与，依规依法地对海洋资源进行合理的开发，加快海洋经济建设的健康发展。

（二）海洋资源配置中政府与市场的正确关系

海洋经济发展要坚持生态优先，就必须处理好海洋资源配置中政府与市场的关系。

市场对利益的追求往往是短视的。作为市场主体的企业，最重要的甚至是唯一的目标就是追求利润的最大化。由于市场利益的驱使，千方百计争取到海洋资源的企业不可能对海洋环境、海洋资源进行根本性的保护，而是往往为了眼前自身利益而破坏海洋环境、海洋资源。当下，世界上许多国家都面临着海洋环境、海洋资源受到严重破坏的情况，如陆源入海污染、近岸局部海域污染、海洋矿物开采和海洋鱼类过度捕捞而造成海洋严重污染等。

2015 年 9 月召开的第 70 届联合国大会发布了第一次全球海洋综合评估报告，与会人员对近年来全球海洋生态恶化表示忧虑。综合评估报告从经济、社会和环境视角全面评价全球海洋的整体状况；指出海洋面临海水温度升高、海平面上升、海洋酸化等问题，并对环境和社会经济产生广泛影响。联合国秘书长古特雷斯在报告发布会上表示，来自人类活动的压力持续对海洋造成危害。他呼吁所有利益攸关方听从科学家发出的警告，采取积极行动，共同保护海洋，实现可持续发展。

来自全球的 300 多位科学家参与了该报告的撰写。报告指出，过去 50 年间，全球低氧海域的面积增加了两倍，近 90% 的红树林、海草和湿地植物，以及超过 30% 的海鸟面临灭绝威胁，海洋对全球气候的调节作用被削弱了。全球海洋中含氧量极低的"死水区"数量从 2008 年的 400 多个，增加到 2019 年的近 700 个。过度捕捞造成的经济损失每年高达 889 亿美元。

对于海洋生态的恶化，中国同样深感忧虑。一些沿海省市从地方本位出发，追求市场利益，不顾海洋环境保护，竞相无序、过度开发，曾经导致我国近海海域一半以上受到污染，有相当部分海域受污染严重。近年来，在中央的重视和号召下，中国海洋生态环境情况虽然有很大的好转，但要想治理好还需花费很长时间，投入更多资金，而且问题难以彻底解决。有的海湾仍然出现季节性劣四类海水水质的情况，一些海湾旅游区垃圾堆积如山。一些岛屿旅店、酒家仍然毫无管制地把垃圾倒进海里，把污水排向海里。至今，一些地方还在不顾海洋环境保护而随意填海造地，以此作为生财之道，还美其名曰"发挥社会主义市场经济优势"。

不错，发展海洋经济必须充分发挥社会主义市场经济体制的作用和优势。但是，"社会主义市场经济"并不是像有些人所说的"社会主义条件下的市场经济"那么简单，更不是"社会主义"与"市场经济"的简单并排、结合。"社会主义市场经济"首先是一个统一体，具有丰富的复杂的内涵。社会主义市场经济的实践，更加不是一条平坦的高速公路。

从某种意义上来说，"社会主义"与"市场经济"的结合，两者之间会互相干涉、互相影响；既有对立矛盾，也可以和能够和谐、统一。两者

结合得好，会让"中国特色社会主义"与时俱进，内容更加丰富，意义更加宏大，也让"市场经济"的正面作用得到更充分、更强大的发挥，使之更具活力。如果不能深刻理解和掌握"社会主义市场经济"的内涵，两者不能有机地紧密地科学结合，片面强调市场的作用，则市场经济的反作用、副作用会恶性发作，让社会主义事业毁于一旦。

事实再一次告诉我们：片面强调市场经济，甚至迷信市场经济，漠视市场经济追逐利润的极端和残忍，后果将不堪设想。任何地区、任何国家，如果一届政府为了经济增长而让唯利是图的资本势力一味攫取祖宗留下来的宝贵海洋资源，连自家门前的海洋生态环境都将遭受严重破坏，资源基础将很快被耗尽，必定使人口密集的沿海地区人民的健康受到严重威胁，给子孙后代留下无穷隐患。如果出现这样的情况，即使地区的经济总量上去了又有什么实际意义？政府怎么向党和人民交代？还怎么建设海洋强国，振兴中华？

党的十八大以来，以习近平同志为核心的党中央加强党对生态文明建设的全面领导，把生态文明建设摆在全局工作的突出位置，生态文明建设从认识到实践都发生了历史性的转折和变化。经略海洋，科学开发利用海洋资源，必须由政府主导，对标社会主义物质文明和精神文明进行认真计划，然后在工程建设施工上再借鉴市场机制，如招标竞标、分时分段承包等。海洋资源的配置绝对不能由市场说了算。

（三）必须下更大力气开发利用海洋新能源

科学开发利用海洋新能源，是实现碳达峰、碳中和的重要途径。

从国际看，以低碳发展为特征的新增长路径成为世界经济发展的重要方向，低碳先进技术、产业体系和治理能力将成为各国经济发展的核心竞争力之一。海洋新能源的开发，就是实现碳达峰、碳中和的有效途径，将会成为重要的竞争领域。

从国内看，"十四五"时期，是中国生态文明建设进入以降碳为重点战略方向、推动减污降碳协同增效、促进经济社会发展全面绿色转型、实现生态环境质量改善由量变到质变的关键时期。也就是说，中国在海洋新能源开发方面必须加大力度，在国际竞争中奋力争先。

中国的社会主义现代化具有许多重要特征，最为突出的就是实现人与自然和谐共生的现代化。党和国家既把人民的幸福生活摆在第一位，又十分珍惜祖先留下的宝贵自然资源，同样把保护自然生态环境摆在第一位，始终要求正确处理两者的关系，使之成为社会主义现代化的统一体。

如期实现碳达峰、碳中和，兑现对全球的郑重承诺，就是在最充分地展现社会主义的特点和优越性，展现中华民族的无限荣光。因此，必须把经济社会发展建立在资源高效利用和绿色低碳发展的基础之上。

浩瀚的大海，有取之不尽、用之不竭、独特的能源——潮汐能、波浪能、海流能、温度差能、盐度差能等，也就是海洋动能、势能、热能、物理化学能。人类过去习惯采用热力（燃烧煤炭、石油）发电、水电（利用江河水力），到现在开始比较普遍采用核能，而把很少接触、采用的潮汐能、波浪能、海流能、海上风能等称为"海洋新能源"。而恰恰是这些海洋新能源才能够真正地帮助我们在生产和生活中减少碳排放、减少污染。

科学地充分利用海洋新能源，既可以解决人类目前的能源危机，还能够为人类未来创造一个相对洁净的生活世界。也正因为这样，海洋新能源的开发利用成为各国重要的竞争领域。

中国要如期实现碳达峰、碳中和，首先必须实现减污降碳协同增效，必须抓住促进经济社会发展全面绿色转型这个总抓手，加快推动产业结构、能源结构、用地结构等调整。要抓住资源配置这个总开关，支持、鼓励开发利用海洋新能源。要抓实科技创新这个"牛鼻子"，奋力冲刺海洋新能源开发新目标，坚决支持绿色低碳技术创新成果，尤其是海洋能源开发技术转化和创新。

目前，在全球减排、低碳的大趋势下，各国都在下大功夫，加大投入，竞相开发利用海洋新能源。而大多数国家避难就易，着重开发利用海上风能。但对于海洋的潮汐能、波浪能、海流能等的开发利用，由于技术仍不成熟以及开发营运成本太高等原因，全球进展缓慢。

中国不但大力开发利用陆上风能，在开发利用海上风能方面也已经有了很大进展，取得可喜业绩。

2021 年 11 月 25 日 11 时 18 分，随着最后一台风机并网，中国广核集团汕尾后湖 50 万千瓦海上风电项目 91 台风机全部并网发电，成为国内在运单体容量最大的海上风电项目。汕尾后湖海上风电项目场址位于广东省汕尾市陆丰湖东镇南侧海域，场区中心离岸约 12 公里，水深 23～26 米，共计安装 91 台 5.5 兆瓦风电机组，其中 82 台单桩基础、8 台四桩导管架基础、1 台吸力筒导管架基础，配套建设东、西区 2 座 220 千伏海上升压站和 1 座陆上集控中心。该项目年上网电量可达 14.89 亿千瓦时，与燃煤电厂相比，按替代标准煤耗 315 克每千瓦时计算，每年可节省标煤消耗约 42.58 万吨，减少排放二氧化碳约 86.05 万吨，烟尘 28.85 吨，二氧化硫 713.30 吨，二氧化氮 198.67 吨，灰渣 2.83 万吨，经济效益和环境效益显著。

2021 年 12 月 25 日，国内首个百万千瓦级海上风电场——三峡阳江沙扒海上风电项目实现全容量并网发电，成为中国海上风电领域的又一里程碑。该项目位于广东省阳江市沙扒镇南面海域，由三峡集团所属中国三峡新能源（集团）股份有限公司投资建设，总装机容量 170 万千瓦，共布置 269 台海上风电机组及 3 座海上升压站。该项目每年可为粤港澳大湾区提供约 47 亿千瓦时的清洁电能，可满足约 200 万户家庭年用电量，每年可减排二氧化碳约 400 万吨。三峡集团党组书记、董事长雷鸣山表示，此次三峡阳江沙扒海上风电项目的全面成功并网发电，有效促进了海上风电勘察设计、重大装备制造和施工的技术创新，带动了中国海上风电全产业链协同发展，为后续集中连片规模化开发深远海风电项目积累了宝贵经验，为海上风电实现平价上网打下了良好基础。

实现碳达峰、碳中和是一场广泛而深刻的经济社会变革。中国必须在这场经济社会变革中下更大决心，投入更多人力、财力，在潮汐能、波浪能、海流能等海洋新能源的开发利用方面，力争技术创新，才能抢占开发利用海洋新能源先机，取得更多新成果，为如期实现碳达峰、碳中和提供强力保证。

（四）必须加强全民海洋环境保护意识的教育

要保护好海洋中的绿水青山，要解决好海洋开发利用的资源合理配置问题，要在海洋新能源的开发利用中抢占先机，都离不开全民海洋环境保护意识的提高。

当下，只有广大民众充分认识海洋对于人类的生存、生活的重要性，树立新的海洋观，改变旧的落后的生产、生活习惯，提高对海洋生态环境保护的自觉性，才能够真正落实"十四五"规划巩固和提升海洋生态环境的要求，才能有更多的海洋科技创新，在开发利用海洋新能源方面取得更大进步。

回头看看，中国沿海近岸局部海域污染、海洋环境破坏、滨海湿地减少、海洋垃圾污染等严重的生态问题，还真的不少。这些问题的存在既有政府管理不到位的原因，也有群众的海洋观念落后，沿袭旧的生产、生活习惯等原因。

还有，中国沿海从南到北，几乎数不清的大小火力发电厂（因为煤炭等资源输送方便），每天要烧多少煤，向空中和海里排放多少废气废水？各个港湾的旅游点、度假村，人流如鲫。为了省钱、多赚钱，许多地方或单位都偷偷把污水排到海里，把垃圾倒到海里。在海边成千上万的渔村、农村，环保意识薄弱，乱排污、乱倒垃圾情况屡禁不止。

在海洋经济发展中要积极推动绿色低碳发展，建立健全绿色低碳循环发展经济体系，促进经济社会发展全面绿色转型。而这绝不是轻轻松松就能实现的，必然会面临诸多矛盾和挑战，包括往往会遇到民众落后的海洋观念的障碍。

要在海洋经济建设中实现碳达峰、碳中和，必然涉及价值观念、产业结构、能源体系、消费模式等诸多层面的系统性变革，必然触及某些集团、群体的利益，受到他们的抵制甚至是激烈的反抗。党和政府首先必须敢于同某些利益集团、利益群体进行坚决斗争，尤其要敢于同黑恶势力进行坚决斗争。同时，广大干部群众要树立新的海洋观念和海洋生态环境保护意识，支持配合政府的正义行动，才能扫除各种障碍，保护好海洋生态

环境。

进入 21 世纪，人类对海洋经济发展的认识和观念也发生了很大变化。更重要的是，人类在吸取过去的惨痛教训之后，守信义的国家都通过各种方式的感化教育，使普罗大众认识到，应该从对海洋一味索取转变为适当开发利用与环境资源保护并重，在开发利用海洋的同时，把海洋作为生命保障系统加以保护、爱惜，以实现海洋经济的可持续发展。我们是有远大抱负和理想的社会主义国家，中国共产党历来重视宣传教育。中国在思想宣传教育方面是有优势的，在加强全民海洋环境保护意识、树立海洋经济建设新观念的教育方面，应该做得更好。

中国要实现对世界做出的碳达峰、碳中和的庄严承诺，时间紧迫，任务艰巨。①要加大资源国情的宣传教育力度，使全社会达到与中央保持高度一致的新共识，不断增强全民节约意识、环保意识、生态意识，崇尚简约适度、绿色低碳的生活方式，把建设美丽中国转化为全体人民的自觉行动。必须有生动、高效的方法方式，反复深入地宣传教育。②要提高全民保护海洋环境的自觉性，推动形成节约资源和保护环境的空间格局、产业结构、生产方式、生活方式，彻底改变依赖于高碳发展路径的旧思维、旧习惯，建设人与自然和谐共生的现代化。必须摒弃见利忘义的思想，破除对"市场万能"的迷信，发扬我们党在百年奋斗中为了实现共产主义理想而忘我奋斗的崇高精神。

（五）必须建立健全海洋环境保护的法规制度

保护海洋生态环境，除了政府要有强力的正确的政策措施，人民大众要树立新观念，与政府密切配合，还必须建立相应的法规制度。①要在海洋环境保护、海洋资源利用方面从实践中总结经验教训，加紧建立和健全法律、规章制度，构建并完善海洋生态环境保护法律、法规和政策体系，明确海洋生态红线。②要建设得力的执法队伍，加大对破坏海洋环境行为的惩处力度，坚决依法办事。在执法上赏罚分明，尤其是对那些为了追逐私利而明知故犯、顶风作案者给予严厉惩处。用严格执法推动人们的思想认识和道德水准的提高，真正形成依法治海、生态管海的治理机制，实现

"绿水青山，碧海蓝天"的治理目标。

历史的和现实的经验告诉我们，发展海洋经济，对宝贵的海洋资源进行合理配置，应该是计划与市场有机结合，环境保护与资源配置并重。即使某些地方、某些方面、某些时候可以引入市场机制，发挥市场的积极作用，政府也绝对不可以放任自流。在发展的产量、质量的总体要求和总体规划上，必须由政府主导，与海洋环境保护做通盘考虑。总体规划定下来了，就要认真监督和执行落实。世界的许多国家已经在这样做。以公有制为基础的社会主义中国在建设发展海洋经济方面，当然应该做得更好。

中国在建设和发展海洋经济方面，要积极创新计划与市场紧密有机结合的模式，在海洋环境保护、海洋资源的配置和利用、海岸沿线的开发和建设、海岛的保护和开发等方面，正确处理好眼前利益和长远利益的关系、局部和全局的关系、国内和国际的关系，以骄人业绩为世人树立人与自然和谐、协调，人类社会科学发展的良好榜样。

六、海岛：人类向海洋发展的前沿和桥梁

海岛是海洋中最特殊的地理单元，是人类向海洋进军的前沿和桥梁。对于中国来说，海岛更是保卫国家海权最重要的战略据点和阵地。

中国是世界上海岛最多的国家之一，共有1.1万多个海岛，陆地总面积近8万平方公里，海岛岸线总长约16700公里。

众多的海岛是国家主权的重要组成部分。保护好海岛，就是保护国家的门户，保护国家的主权。实施海权战略，建设海洋经济强国最直接、最现实的要求，就是保护和爱护国家的所有海岛及其相近和相关的海域。

台湾岛是中国最大的岛屿，有着丰富的资源和重要的战略地位。其面积为3.6万多平方公里，人口约2358万人，方言主要是闽南语、客家语、福州话、高山族南岛语。台湾的地理位置十分重要。

军事战略上，美国把台湾当作一艘"不沉的航空母舰"，是其实施围堵、遏制社会主义中国的战略的重要支点，因此长期以来美国都在干涉、阻挠中国的统一大业。同样，台湾若回归祖国，则意味着中国在东南沿海有一道天然的屏障，同时可作为中国在太平洋的重要基地。

经济上，台湾曾经是"亚洲四小龙"之一，经济实力不容小觑，科研实力也可圈可点。台湾的半导体产业在世界市场上占有不小的份额，农业、旅游业在亚洲也是屈指可数。

交通上，台湾有高雄、基隆等知名国际大港，可通往全世界各大港口；岛内有环岛铁路，很早就有高铁（"捷运"），公路运输也是四通八达。

百多年来，由于祖国的贫弱，台湾曾被日本殖民统治。1945 年 8 月 15 日，日本昭和天皇发表《终战诏书》，宣布无条件投降。"二战"结束之后，1945 年 10 月 25 日，台湾地区日军投降典礼在台北举行，中国国民政府代表陈仪接受降书，而后国民政府设立"台湾省行政长官公署"，台湾正式回归祖国。

1949 年，蒋介石反动统治集团逃往台湾，并投靠美帝国主义，妄图"反攻大陆"，恢复其反动统治。

1950 年朝鲜战争爆发之后，美国派出第七舰队进入台湾海峡，阻止中国人民解放军解放台湾，同时构成对新中国东南沿海的威胁。1953 年 7 月朝鲜战争停战以后，美国政府与台湾当局为阻止中国人民解放军解放台湾，于 1954 年 12 月 2 日签订了所谓的《共同防御条约》。根据此条约，美国在台湾驻扎了约 1 万人的部队（含陆、海、空三个军种），并向台湾提供了大批军事装备。

1971 年中美两国政府发表《上海公报》，实现了两国关系正常化。1978 年中美建交，美国公开承认世界只有一个中国，台湾是中国领土不可分割的一部分，并从台湾撤出军队。但是，多年来，美国出尔反尔，搞两面派，为一己之私而不断制造台海紧张局势，不断向台湾出售武器装备。在美国的干预、庇护下，台湾一小撮"台独"分子气焰越来越嚣张，妄图将台湾从祖国分裂出去。

是可忍，孰不可忍！台湾不回归，中国焉能真正实现中华民族的伟大复兴？！

台湾自古就是中国的领土，两岸同为炎黄子孙，血肉相连。从长远和大处着想，解决台湾问题的最佳方案是和平统一。两岸和平统一有利于中华民族的团结和繁荣，能增强民族自尊心和自豪感，也能向世界宣示民族尊严和大国威信。

台湾宝岛一定要回归祖国！这是中华民族矢志不渝的历史任务，是全体中华儿女的共同愿望。包括两岸同胞在内的所有中华儿女，一定要和衷共济、团结向前，坚决粉碎任何"台独"图谋，共创民族复兴美好未来。

海南岛是中国仅次于台湾岛的第二大岛，面积约 3.54 万平方公里，人口约 1020 万，物产丰富，气候宜人。海南岛北隔琼州海峡与雷州半岛相望。琼州海峡宽约 30 公里，是海南岛和中国大陆间的海上"走廊"，又是北部湾和南海东部之间的海运通道。一直以来，中央高度重视海南岛的建设和发展，1988 年正式设立海南省，同时宣布海南成为中国第一个省级经济特区。近年来，中央给予海南许多特殊优惠政策。2009 年 12 月国务院颁布《关于推进海南国际旅游岛建设发展的若干意见》，提出把海南建成中国旅游业改革创新的实验区、世界一流的海岛休闲度假旅游目的地、中国生态文明示范区、国际经济合作和文化交流的重要平台、南海资源开发和服务基地以及国家热带现代农业基地。

2018 年 4 月 13 日下午，习近平总书记在海南建省办经济特区 30 周年庆祝大会上郑重宣布，党中央决定支持海南全岛建设自由贸易试验区，支持海南逐步探索、稳步推进中国特色自由贸易港建设，分步骤、分阶段建立自由贸易港政策和制度体系。2020 年 6 月 1 日，中共中央、国务院印发了《海南自由贸易港建设总体方案》。

建设和发展海南岛，对于维护和保证南海的和平，对于加快建设海洋强国具有重要深远的意义。

国家对于其他众多的岛屿、岛礁同样极力爱护、珍惜，尤其是对它们的自然环境要认真保护，同时要积极、高效、科学地开发利用。

2010 年 3 月，《中华人民共和国海岛保护法》正式颁布实施，标志着中国将海岛保护和管理纳入法制轨道，对发展海洋经济、建设海洋强国具有里程碑式的意义，有利于维护国家主权、领土完整和国家海洋权益，填补海岛保护法律空白，完善海洋法律体系，开创中国海岛保护和管理新格局。

海岛是中国经济社会发展中一个非常特殊的区域，在国家主权、国家安全、资源、生态等方面具有十分重要的地位。

但是，国家海洋主管部门和国内有关专家所披露的情况显示，当前中

国的海岛保护工作确实面临着不少困难和问题：炸岛炸礁、填海连岛、采石挖砂、乱围乱垦等，大规模改变海岛地形、地貌，甚至造成部分海岛丧失作用；在一些小海岛上倾倒垃圾和有害废物，采挖珊瑚礁，砍伐红树林，滥捕、滥采海岛珍稀生物资源等，致使海岛及其周边海域生物多样性减少，生态环境恶化。

保护好、利用好海岛，是建设海洋经济强国最直接、最实际的体现。必须本着对国家、人民高度负责的态度，立足保障科学发展，增强海岛保护的国家意识、战略意识、危机意识，统筹海岛保护和开发利用，积极探索海岛发展新模式，改善海岛人居环境，促进海岛权益、安全、资源、生态以及经济社会的协调发展。

政府对海岛的开发利用一定要统一规划和科学管理。同时要开展广泛深入的教育，使人民群众认识到保护好、建设好海岛，就是保护国家主权和核心利益，人人自觉地爱惜海岛，保护好海岛的生态环境，使祖国的所有海岛都成为一颗颗璀璨明珠。

七、海洋高科技创新，人才是第一要素

2021 年 5 月 28 日，中国科学院第二十次院士大会、中国工程院第十五次院士大会和中国科学技术协会第十次全国代表大会在北京召开。习近平总书记出席大会并发表重要讲话，他指出："培养创新型人才是国家、民族长远发展的大计。当今世界的竞争说到底是人才竞争、教育竞争。"

习近平总书记在这次大会上的讲话中，"人才"二字提了 30 多次，可见他对人才的重视。如何培养创新型人才？习近平总书记要求，在人才评价上，要"破四唯"和"立新标"并举，加快建立以创新价值、能力、贡献为导向的科技人才评价体系；要实行"揭榜挂帅""赛马"等制度，"让那些想干事、能干事、干成事的科技领军人才挂帅出征"，"让有真才实学的科技人员英雄有用武之地"。

现代海洋经济不同于传统海洋经济，其最大特点，就是对高新技术的高度依赖。发展海洋经济，建设海洋强国，必须有高精尖的海洋经济技术，而人才是第一要素，是关键。中国发展现代海洋经济，更加急切需要大批海洋人才，尤其是高精尖海洋经济技术人才。

（一）海洋竞争，关键是人才

海洋竞争，对海洋资源的争夺，关键因素是人才。

看看国际上那些先知先觉的海洋强国是如何培养人才、笼络海洋人才的。

美国在1999年就成立了国家海洋经济计划和咨询委员会，大力培养海洋经济人才，对海洋经济进行深入研究，并实施"国家海洋经济计划"。据相关报道，美国政府现有海洋研究与开发实验室近1000个，聘雇的科学家和工程师占全美国高级工程技术人员的3/5，政府对海洋经济研究的投资从200亿美元增至300亿美元。在密西西比河口区和夏威夷，美国开办了两个海洋科技园。前者主要从事军事和空间领域的高技术向海洋空间和海洋资源开发转移的研究，以加速密西西比河区域海洋产业发展；后者以夏威夷自然能实验室为核心，主要致力于海洋热能转换技术的开发和市场开拓，同时从事海洋生物、海洋矿产、海洋环境保护等领域的技术产品开发。进入21世纪，美国抓住时机在建立一支高素质的海洋人才队伍方面下大力气，以应对新时期海洋竞争的需要。美国海洋政策委员会在《美国21世纪海洋政策》中提出："拥有一支来自各种背景的、受过良好训练的、有着良好动机的工作队伍来研究海洋、制定政策，发展和应用最新的科学技术，提供各种最新的工程方案。"2004年9月，美国政府发表了《美国海洋行动计划》政策报告，把"促进终生海洋教育"作为21世纪国民海洋意识建设的重要政策。美国作为海洋大国又是海洋强国，仍然是毫无倦意，总想在海洋人才培养、海洋资源开发上保持自己的领先地位。这不能不引起我们的关切和思考。

俄罗斯政府制定的《俄罗斯联邦政府至2002年期间的海洋政策》，将人才作为俄罗斯的海洋潜力的重要组成部分。2006年日本发布的《海洋与日本：21世纪海洋政策建议》指出，需全体国民关心海洋，积极主动参与海洋环境保护、保全和恢复，培养能正确认识日本面临的各种海洋问题，进行

合理管理的人才，扩充海洋教育，加强海洋管理研究和教育，加强宣传普及活动。然而，2021年4月13日，日本内阁会议居然决定向海洋排放福岛核电站含有害物质的核废水，这将对许多人的生命健康和海洋生态环境造成严重影响。日本的这一做法受到了国际社会的强烈批评与反对。

美国、俄罗斯、日本、英国、法国等国的海洋经济之所以发达，最重要的原因是这些国家重视海洋人才的教育培养，使得它们在海洋经济科技方面一直保持领先优势。可以说，正是世界海洋高新技术的迅速发展，才引发了海洋开发新的热潮，推动了现代海洋产业的发展，也引起对海洋保护、开发及主权问题的无休止争论和强硬的激烈争夺。

一个多世纪以来，在新技术革命的推动下，世界海洋经济迅速发展。其中最突出的是各国竞相开发和利用海上油气资源。19世纪90年代，美国率先在加利福尼亚州西海岸打出第一口海上油井。为解决陆地石油资源越来越枯竭的问题，各国都效仿美国争相对海上的油气资源进行勘探。目前，世界的海上油气资源开发已形成"三湾、两海、两湖"的生产格局。"三湾"即波斯湾、墨西哥湾和几内亚湾，"两海"即北海和南海，"两湖"即里海和马拉开波湖。其中波斯湾的沙特阿拉伯、伊朗、伊拉克、卡塔尔和阿联酋，里海沿岸的哈萨克斯坦、阿塞拜疆和土库曼斯坦，北海沿岸的英国和挪威，还有美国、墨西哥、委内瑞拉、尼日利亚等，都是世界重要的海上油气生产国。通过大力开采海上油气资源，有不少国家不但解决了本国的油气需求问题，而且通过出口油气资源赚回大量外汇，从贫穷变为富裕。

中国是后发工业国家，对石油和天然气的需求量越来越大，但陆地上的油气资源不断减少，根本满足不了工业发展和人民生活的需要，每年都要从其他国家进口大量石油和天然气。所以，中国必须积极地对海洋的油气资源进行勘探和开发。而海上油气田开发从勘察、钻探、开采和油气集输到提炼的全过程，几乎都离不开高精尖技术的支持。至于对深海底的探索和矿物的开采、海洋新能源的利用等，更离不开高新技术，都需要大量的高端海洋技术人才。

传统的海洋渔业生产方式也在发生革命性转变——捕渔业从近海捕捞走向光、声综合控制，机械、电子并用的远洋捕捞；同时，海洋捕捞业已发展成集海洋捕捞、海水养殖、水产品精加工于一体的综合性现代海洋渔业。这些都得益于海洋生物、新材料开发、环境工程、资源管理等技术在苗种培育、生产、加工和管理中的广泛应用。

全球高科技应用在海洋能源开发上已经受到广泛关注。社会舆论普遍认为，海洋新能源的开发利用将是改变世界经济、政治格局的新工业革命的主流。受能源危机和环境保护压力的驱动，"向海洋要能源"已经成为世界各国的共识。有不少国家已经在积极研究和开发潮汐能、波浪能、海水温差能、盐度差能、海流能、海洋风能、生物能和海洋地热能等海洋可再生能源。我们国家对此也已经有所考虑和规划。"十四五"规划提出"发展海洋科学技术，重点在深水、绿色、安全的海洋高技术领域取得突破"，而这方面更离不开大批的高端海洋人才。

海洋人才的需求和竞争在全球范围内日益激烈，可以说，谁拥有一流的海洋人才队伍，谁就能在世界海洋竞争中处于领先地位。所以，发达海洋强国均将海洋人才的培养和教育作为国家实施海洋开发战略的重中之重。

在世界经济一体化的大背景下，海洋人才的激烈竞争既促进海洋高端人才的聚拢、冒尖，也必然导致高端海洋人才的大量流动。

（二）中国海洋人才需求供给失衡

中国目前的海洋人才无论是数量上还是质量上，与建设海洋强国的要求都还有很大差距。

据国家海洋部门统计，中国涉海就业人员有 3000 多万，海洋人才资源总量 160 多万人，海洋专业技术人才 101 万人。全国目前有海洋专业领域博士后流动站 11 个、海洋类博士点 46 个、涉海的博士点 69 个，还有硕士点 68 个、本科专业 93 个，形成了由普通高等教育、成人高等教育和职业高等教育等不同类型构成，具有研究生教育、本科教育和专科教育等不同层次机构的海洋专业人才培养体系。分布于中国沿海省市的海洋科研机构有 100 多个（仅广东就有 23 个机构），科研机构中从业人员近 2 万人，从事海洋科技活动的人员有 1 万多人，形成了集海洋基础科学研究、

海洋工程技术研究和海洋信息服务等为一体的海洋专业人才队伍，为中国的海洋事业发展发挥重要作用。

但是，面对国际海洋科技发展和海洋人才竞争，按照中国建设海洋强国的要求，中国现在的海洋专业人才队伍和海洋科技人才远远不够，尤其是具有理论和实践经验的海洋科技人才相对缺乏，优秀的海洋科技人才储备薄弱，海洋人才培养设施、力度不够。海洋杰出人才寥寥无几，缺乏海洋科技进步领军人才，如在海洋领域提出重大科学问题和原创性问题，被国际认可、有影响的学术大师和学术骨干。现有海洋人才的年龄结构、知识结构、地域结构等也存在许多不合理的情况。

据交通运输部 2021 年 6 月 17 日公布的消息，2020 年度全国船舶专业技术人员高级职称评审结果公布，共有 313 人获评正高级或高级船长、轮机长和引航员，其中 57 人获评正高级职称。这是中国首次评审船舶专业技术人员正高级职称。国家涉海部门公开这些情况和数字，自然是要说明在培养海洋人才方面取得进步，但是，且不说同海洋事业发达的国家比较，就是同我们国家的其他领域如电子科技、文化教育、医疗卫生行业的人才状况比较，也能从中看到国家的海洋人才还很缺乏。

作为一个海洋大国，随着建设海洋经济强国事业的发展和要求，中国海洋人才的需求量将迅速增加，海洋人才已经出现供不应求、需求供给失衡的情况。

为了当好中国特色社会主义先行示范区，深圳提出建设全球海洋中心城市，得到党中央、国务院的支持。2020 年 9 月，深圳市委、市政府公布了《关于勇当海洋强国尖兵加快建设全球海洋中心城市的实施方案（2020—2025 年）》。方案明确提出："十四五"期间，深圳将夯实"四梁八柱"，重点发展海洋经济、海洋科技、海洋生态与文化、海洋综合管理、全球海洋治理五大领域，大力推进 63 个重点项目示范性建设，到 2025 年成为中国海洋经济、海洋文化和海洋生态可持续发展的标杆城市和对外彰显"中国蓝色实力"的重要代表。①

---

① 《勇当海洋强国尖兵 聚焦五大领域发展——深圳大力推进全球海洋中心城市建设》，《深圳特区报》，2020 年 9 月 22 日第 A01 版。

可是，这需要多少海洋方面的人才?! 深圳经过 40 多年建设和发展，已经成为现代化国际大都市，这是不争的事实。深圳有电子和信息网络方面的许多人才，就是十分缺乏海洋方面的人才。

没有海洋专业人才，深圳建设全球海洋中心城市就只能是一句空话。所以有专家指出，"人才队伍是基础，科技创新是关键。深圳建设全球海洋中心城市，需要在人才队伍和科技创新共同发力"。

因为国家缺乏海洋人才的海内外供应链，深圳想到只能自己培养海洋人才，提出要创办深圳海洋大学。这当然是好事，却又有点"临时抱佛脚"的味道。从创办一所高水平的海洋大学，到能够系统培养出合格海洋人才，在现有条件下，可不是几年就能够完成的啊！

必须用长远的眼光积极培养海洋人才。面对国际海洋人才的竞争日益激烈，国内十分缺乏海洋人才的状况，中国必须积极应对。培养合格的海洋人才，不能临时抱佛脚，不能搞"急就章"，必须有长远眼光、长远规划，既踏踏实实，又积极努力。

我们不妨先摸摸国家自己海洋人才的家底，知道自己的不足，才能采取有效措施积极培养海洋人才，储备海洋人才，大量提供海洋人才。

第一，中国培养海洋人才的学校远远不足。海洋大学是培养高级海洋人才的摇篮，是海洋人才供给的重要基地。但是，放眼展望沿海的大中型城市，从北方的大连、烟台，到南方的湛江、北海、海口，全国只有 5 所海洋大学，分别是：中国海洋大学、大连海洋大学、上海海洋大学、浙江海洋大学和广东海洋大学，只有中国海洋大学进入"双一流"的名单。其他的如北京大学、清华大学、浙江大学、中山大学等也设有海洋方面的专业，但都不是该学校的重点学科和专业。

值得注意的是，现有的海洋大学或者综合大学里设置的海洋学院，目前都不是社会关注、重视的大学、学院。

以广东海洋大学为例。广东海洋大学的前身是创建于 1935 年的广东省立高级水产职业学校，至今已经有 88 年历史，现坐落于祖国南方美丽的海滨城市——湛江市，校园总面积 4892 亩。广东海洋大学是广东省人民政府和自然资源部共建的省属重点大学，是教育部本科教学水平评估优秀院校，是具有学士、硕士、博士完整学位授权体系的大学，是广东省高

水平大学重点学科建设高校。学校设有水产学院、海洋与气象学院、食品科技学院、滨海农业学院、机械与动力工程学院、海洋工程学院、马克思主义学院、经济学院、管理学院、数学与计算机学院（软件学院）、电子与信息工程学院、化学与环境学院、海运学院、文学与新闻传播学院、法政学院、外国语学院、中歌艺术学院、体育与休闲学院、继续教育学院等19个学院。其中水产、海洋科学、食品科学与工程是广东省高水平大学重点建设学科。

广东海洋大学面向全国各省、自治区、直辖市招生。现有全日制本科生、研究生、留学生3.5万人，成人高等教育学生1.2万人。师资力量方面，学校现有教职工2100多人，其中专任教师1495人，副高以上职称人员750人，获博士学位者589人；博士生导师79人，硕士生导师339人；特聘院士3人，双聘院士1人；长江学者特聘教授1人。人才培养成效显著。

建校88年来，学校为国家及地方输送了20多万名各类高素质专门人才，培养了一批社会英才，如新中国第一位远洋万吨船船长陈宏泽、"中国四大家鱼全人工繁育之父"钟麟、"中国珍珠大王"谢绍河等。

作为华南地区海洋人才培养的摇篮，学校的建设与发展一直得到党和国家领导人的亲切关怀和大力支持。1997年1月，原国家主席杨尚昆在为海洋大学校牌揭幕时高兴地说：我们国家很需要这样一所大学。先后担任过广东省委书记的谢非、李长春、张德江和汪洋等同志均对海洋大学在推动海洋经济发展方面寄予厚望。2014年11月，中共中央政治局委员、广东省委书记胡春华到该校视察时指出，广东海洋大学要深化改革，不断创新，强化内涵发展，全面提高办学质量，办一流学科、一本院校，努力建设高水平海洋大学。2018年5月，中共中央政治局委员、广东省委书记李希在湛江调研时指出，湛江还有广东海洋大学等科技研发力量，在海洋资源创新开发方面独具优势，要用好这些重要创新平台，把它们作为创新发展的主阵地，打造成为创新发展主引擎，为湛江经济发展提供源源不绝的新动力。

但是，广东海洋大学即使在硬件建设上和师资配置上并不比全国其他大学差多少，却因为姓"海洋"，仍然和国内其他海洋大学一样，都不是家喻户晓的国家著名大学或重点科研机构。而且，广东海洋大学虽然是省属重点大学，却又在其他大部分省区市是二本招生。因此，从实力上看广东海洋大学是一本大学，全国许多地方却把它当作一所二本大学。这是何故？因为它姓"海"。在"海洋中国"还未能受到国人的重视之时，海洋大学也总是得不到人们的注意，更没有人对其表示向往。

综观目前中国海洋大学的问题，除了国家重视和社会关注、关心不够，各所海洋大学也要在自身的改革和发展上查原因，找差距，奋发图强。

据国内一些海洋专家分析，我的海洋大学自身在培养人才上也存在不少问题，主要有如下 3 个方面：

其一，海洋高等教育资源分布不均衡。从地域上看，中国主要涉海高校均集中在经济发达地区，其中山东、广东、上海、浙江等地海洋高等教育整体实力较强，而海南、河北、广西等地较弱，更不要说内陆的湖南、湖北、四川、河南、河北等省区，基本没有什么海洋高等教育学校。

其二，培养海洋人才的专业分布不合理。目前各涉海高校在专业设置上普遍存在重视海洋自然科学而忽视海洋人文社会科学的问题，导致海洋管理、海洋法律、海洋经济等综合的人才更加缺乏。

其三，海洋高等教育方式方法不能很好地适应新形势下国家海洋事业发展的需要，存在创新型海洋科技人才培养的需要与旧的人才培养模式之间的矛盾。如课程体系落后，过分强调理论知识教育，忽略实践技能培养，缺少实习船只、实习基地；教学方法重视知识传授，忽视对学习能力、思考能力和研究能力的培养；教学手段落后，电子课件制作简单，多媒体手段使用不够，基于网络环境的互动式教学手段尚未普及；等等。

这些问题的存在，势必对我的海洋大学培养和供给更多符合建设海洋强国的有用人才造成不利影响。而这又是海洋大学不能被社会普遍认同和向往、不能成为名牌大学的重要原因。

第二，中国的海洋科研力量不足。海洋大学教学方面存在的问题，必然在很大程度上影响到海洋人才的培养和供给，进而影响到海洋高科技研究创新力量。二者是紧密关联的。

据《中国海洋统计年鉴（2017）》统计数字，到 2016 年年底，全国

拥有海洋科研机构 160 个（美国有 1000 个），涉海科技活动人员达到 29258 人，分别隶属于多个部委和单位，形成了一支学科比较齐全的海洋科技队伍。这些科研机构主要包括海洋基础科学、海洋工程技术、海洋信息服务和海洋技术服务四类，前两类合计占比 90% 以上。从地区分布来看，北京、广东、山东、辽宁、浙江、上海、天津等省市拥有全国绝大多数海洋科研机构，仅广东、山东、浙江、北京、辽宁的涉海机构数量加起来就超过了全国的一半。按从业人员来分，北京涉海机构从业人员最多，达到全国所有涉海科技活动人员的 25%，其次是广东，占 16%，山东占 12%，上海占 9%，体现出政治文化中心和海洋经济发达地区的涉海科技活动人员比例大的特点。按学历分，拥有博士和硕士学位的高学历人员占 50% 以上；按职称分，具有高级职称的人数接近 40%。

2018 年之后的《中国海洋统计年鉴》至今在网络上查不到，相信全国的海洋科研机构、海洋科研人才会增加不少。但是，与世界海洋经济发达国家比较（美国现有海洋研究与开发实验室 1000 个，聘雇的科学家和工程师占全美国高级工程技术人员的 3/5），与国家建设现代化海洋经济强国的需要比较，这些显然是远远不足的。

第三，中国海洋人才地域分布不均衡。相关资料显示，目前中国海洋人才主要分布在北京、大连、青岛、上海、杭州、广州、厦门等大中城市。这些大城市的海洋研究机构和海洋人才，也难以满足建设海洋强国的需要。其他沿海地区和城市的海洋人才则更加严重缺乏，内陆省份的海洋科研和海洋教育人才则凤毛麟角。

（三）相关部门必须把培养海洋人才当作大事来抓

21 世纪是"海洋世纪"，国家十分需要庞大的海洋人才队伍。形势要求，国家必须既有重点又普遍地建立海洋科研机构和海洋教育院校，在全国开展广泛的海洋教育，全面转变思想观念，动员一切积极因素，举全国之力，在新时代加快培养建设海洋强国人才的步伐。

国家除了积极培养自己的海洋人才，还可以从海外适当引进有用的高端海洋科技人才。

2013 年 7 月 30 日，中共中央政治局就建设海洋强国这一课题举行集体学习，习近平总书记在会上强调，要发展海洋科学技术，着力推动海洋科技向创新引领型转变。2018 年 6 月 12 日，习近平总书记在青岛海洋科学与技术试点国家实验室考察时再次强调："发展海洋经济、海洋科研是推动我们强国战略很重要的一个方面，一定要抓好。关键的技术要靠我们自主来研发。"

党的十八大以来，在党中央的正确领导和重视下，经过不断努力，中国近年来在海洋科技自主创新能力持续增强，产业化水平明显提高。"蛟龙"探海、"奋斗者"探底，"雪龙"探极、"蓝鲸 1 号"南海试采可燃冰、兆瓦级潮流能发电机组稳定并网发电等，一批涉海关键技术和重大项目建设取得突破，对海洋强国建设的支撑能力大幅提升，拓展了中国开发利用海洋的空间。

但是，还是必须承认，中国无论是在海洋经济建设和发展水平上，还是在海洋科研技术的自主创新能力上，跟世界海洋强国还有不小差距，尤其是在海洋资源开发、海洋经济发展、海洋环境保护、维护海洋权益等方面都缺乏海洋人才，更缺乏"着力推动海洋科技向创新引领型转变"的高端创新海洋人才。为建设海洋强国，必须大力培养海洋科技人才，力促海洋科技创新。

国家在 2021 年 3 月 12 日发布的《"十四五"规划纲要》中设置"海洋专章"，提出坚持陆海统筹、人海和谐、合作共赢，协同推进海洋生态保护、海洋经济发展和海洋权益维护，加快建设海洋强国。要搞好海洋科技创新总体规划，坚持重点在深水、绿色、安全的海洋高技术领域取得突破，尤其要推进海洋经济转型过程中急需的核心技术和关键共性技术的研究开发。由此，就必须有在质和量上与之相适应的海洋人才。

中国的海洋大学和海洋科研机构至今相对落后，究其原因，政府的重视和投入不够。为落实"十四五"规划，积极应对国际海洋人才的竞争，大力培养中国自己的海洋人才，政府一定要重视和加大投入。必须因地制宜、尽快增设高规格的海洋高等学校，补齐资源分布不均衡的短板，提高海洋高等教育水平，形成布局合理、科学有效的现代海洋教育体系，培育一支素质优良的高科技海洋人才队伍。要在沿海各省市设立更多的高水平

海洋科研机构，为海洋强国建设提供强大的智力支撑。

（四）重要的是国人要真正认识自己的"海洋中国"

将中国定位为"既是大陆大国又是海洋大国"，可见党和国家对"海洋中国"十分重视，而国人对"海洋中国"的认知度却远未能跟上。

"十四五"规划从国家整体经济社会发展规划的高度开展陆海统筹发展规划的顶层设计，重点围绕推动陆海产业协同发展、强化陆海生态环境一体化保护、实现陆海资源统筹和高效利用等谋划部署，对于中国正在形成合力，凝集人气与智慧，从而推动中国蓝色海洋经济的科技进步与超常规发展，将起到重要的主导作用。到那时，海洋经济不但对沿海地区经济，而且对整个国家经济的拉动效应定会进一步增强。作为海洋大国的中国，到 2050 年全国的海洋经济总量应该占国内生产总值的 20% 以上（目前不到 10%）。

为了达到建设海洋经济强国的目标，"十四五"规划特别强调："蓝色国土"要成为全民意识。为什么要这么强调？因为许多国人只知道中国有 960 万平方公里的陆地国土，而不知道中国还有 300 万平方公里的蓝色国土。还因为国人的海洋意识薄弱、海权意识薄弱，不知道，或者忽视蓝色国土的重要意义，导致人们对海洋教育、海洋科研意义的认识浅薄。

更普遍存在的现象是，许多学子受到传统观念影响，缺乏跟上时代的海洋意识，总是"学优当仕，摄职从政"，争考北京大学、清华大学等名牌大学，想着将来哪怕做不了大官，至少可以在党政机关当一名公务员或在著名科研单位当研究人员，这些青年人也就不愿意报考海洋大学。而名牌大学的毕业生，则不乐意到海洋科研机构工作，更很少听说他们要往海洋科研单位挤的。

所以，转变人们的观念十分重要。解决海洋经济发展中的人才问题、高科技创新问题，政府除了要更加重视海洋教育和加大对海洋教育、科研的人力、财力、物力的投入，还必须加大海洋认知、海洋知识的教育力度，促使广大民众转变不适合建设海洋强国的观念。要通过广泛的宣传教育，使人们认识到，300 万平方公里的蓝色国土，相当于整个国家陆地国土面积的 1/3，那是国家的主权，那是 14 多亿华夏子孙的利益所在，我们一定要记住它、保护它、爱惜它。

要通过宣传教育，使人们认识到，21 世纪是海洋世纪，人类的生存与发展主要依靠海洋，科学、合理地开发利用海洋资源，是解决人类资源，尤其是能源危机的希望；解决人类吃的问题、就业问题，除了依靠传统的海洋渔业、海洋交通运输业、海洋船舶制造业等，还有赖于方兴未艾的新兴海洋产业，如海水利用业、海洋生物医药业、海洋电力业、海洋油气业、海洋化工业、海洋矿业、海滩的水稻种植业等。此外，解决能源洁净和短缺问题、生产材料匮乏和粮食困难问题等，也要依赖海洋事业的进步和发展。要号召人们树立从事海洋经济和研究、创新和制造是最有前途、最光荣的事业的观念。

政府重视了，海洋大学、海洋研究所的人财物才能得到必要的支持和满足；国民重视了，对于报考海洋大学、大学毕业后争取到海洋研究机构工作，青年学子就会趋之若鹜，国家就能从优中选优，涌现众多的发展海洋经济的高精尖人才。

海洋科技创新的关键是人才。必须集中国内力量，同时不排斥国际之间的合作。要在党中央领导下，充分发挥社会主义制度的优势，举全国之力，全面动员，各方支持合作，在培养、造就海洋人才，在海洋资源开发的高新技术的创新方面加油、发力。要充分调动众多的院校和科研机构的积极性、创造性，以只争朝夕的精神，攻坚克难，研发出海洋经济开发、利用的高端技术，努力突破制约中国海洋经济发展和海洋生态保护的科技瓶颈，努力实现"十四五"规划所制定的中国海洋经济发展目标，为加快建设中国特色的强大海洋经济做出新的贡献。

八、一万年太久，只争朝夕

海洋资源与时间的关系，是反比而不是正比。

矿藏、油气等人类最需要和常用的自然资源，是不能再生的。几万年来，人类开采和利用的主要是陆地的资源，所以陆地的资源越来越少。

有专家估计，陆地的石油资源再过半个多世纪就基本枯竭。因此，发

达国家带头开发利用海洋的石油资源。20 世纪 90 年代，全世界已经有 100 多个国家和地区在开发利用海洋石油资源，到 2000 年已经达 10 亿吨以上。21 世纪以来，各个国家对海洋资源、海洋经济利益的争夺越来越激烈。如果不加节制，竭泽而渔，海洋中的矿藏、石油和人类所需要的其他资源，必定越来越少，而且减少的速度会越来越快。世界海洋资源再多再大，也总是有限的。随着时间的推移，海洋资源会越来越贫乏，甚至枯竭。

一个大国责任和大变局对中国的压力与时间关系，却是成正比的。

世界上各个热爱和平的国家和民族，在大变局、乱局中越来越希望和需要有一个能负责任的大国——中国崛起，展现大国担当，维护世界和平，实现人类命运共同体。近年来，对中国来说，大国责任和大变局的压力越来越大。

我们要建设海洋经济强国，实现中华民族的伟大复兴，绝不能错失时机，而必须只争朝夕、鼓足干劲、勇往直前。

中国是海洋大国，但至今还远不是真正的海洋经济强国。中国海洋资源绝对数量在世界范围内排位靠前，海岸线长度、大陆架面积、200 海里水域面积、海港分布密度等都具有优势。但是，在属于中国主张管辖的 300 万平方公里的海洋权益中，近一半还存在争议，海域被分割，岛礁被侵据，资源被掠夺的情况相当普遍。同时，我国海洋经济发展不平衡、不协调，传统海洋产业仍占据主导地位，新兴产业基础薄弱，缺乏对深海、极地资源的研究和开发能力。国务院于 2013 年 1 月 17 日发布《全国海洋经济发展"十二五"规划》。根据该规划，"十二五"期间，中国海洋生产总值将年均增长 8%，比国内生产总值增长速度略高。"十三五"期间，中国海洋生产总值占国内生产总值的比重多年徘徊于 8%～10% 之间。2021 年 3 月公布的《中华人民共和国国民经济和社会发展第十四个五年规划和 2035 年远景目标纲要》专设"海洋专章"，提出到 2050 年海洋经济总量要达到国内生产总值的 20% 以上。而目前中国海洋经济发展的状况同国家大力发展海洋经济的目标之间仍然存在很大差距。

尺璧非宝，寸阴是竞。一万年太久，只争朝夕。时间越长，世界的海洋资源就越少。中国未开发的丰富海洋资源，会越来越引起别国的眼红、嫉妒，有的国家甚至会以各种借口，千方百计进行争抢。时间越长，中国需要担当的大国责任越来越大，霸权主义对中国的崛起的打压会越来越凶狠。

抓紧时机，以只争朝夕的精神发展海洋经济，是建设海洋经济强国的迫切需要，是实现海洋强国梦、实现中华民族伟大复兴的极其重要的事情。

令人高兴的是，国家建设海洋经济强国的节奏和步伐在加速。

2013年11月26日，"国家蓝色海洋高峰对话论坛组委会"宣告成立。该组委会由中国社会科学院中国海洋学会和中国百县（市）优特经济专题调查办公室、中国投资协会、中小企业发展促进中心、科技部高科技产业研究会等部门发起，由山东省发展和改革委员会、山东半岛蓝色经济区建设办公室、长三角和珠三角蓝色海洋经济区相关单位联合成立，成为全国性的、国家级高峰论坛对话平台，以促进对海洋经济政策法规的理解，交流经验。

2016年3月，中国发布的《国民经济和社会发展第十三个五年规划纲要》就提出建设海洋经济发展示范区。2018年，国家发展改革委、自然资源部联合下发《关于建设海洋经济发展示范区的通知》，支持江苏连云港、浙江宁波等14个海洋经济发展示范区建设。

2018年年底，全国人大对发展海洋经济加快建设海洋强国工作提出建议，要求加强海洋强国建设顶层设计、加快海洋产业转型升级、落实科技兴海战略、完善海洋法律法规体系，推动海洋强国建设不断取得新成就。中国海洋经济将由要素驱动转向科技创新驱动，从粗放式发展转向高质量发展，由近海走向远海，由我国独立开发走向国际合作，和相邻友好国家合作对海洋环境进行联合保护，对相关海洋资源联合开发利用。

2019年，海洋经济发展示范区建设全面启动。海洋经济发展示范区建设是开辟海洋领域供给侧结构性改革试验田的创新之举，以大力带动区域海洋经济和社会可持续发展，推动海洋经济高质量发展。

2020年9月21—22日，由自然资源部、山东省人民政府主办，青岛市人民政府承办的东亚海洋合作平台青岛论坛在青岛成功举办。论坛以"开放融通、智享未来"为主题，寻求进一步深化开放合作机制，打造东

亚海洋领域互联互通、共建共享的交流平台,构建东亚海洋命运共同体。与往年不同的是,该年论坛采用"线下 + 线上"的全新模式举办,有来自中、日、韩、东盟及欧美等 20 多个国家和地区的约 400 位嘉宾通过线上或线下的方式参会。

东亚海洋合作平台是国家"一带一路"建设规划优先推进项目和山东新旧动能转换工程重大推进项目。自 2016 年起,青岛西海岸新区已成功举办了 4 届东亚海洋合作平台青岛论坛,累计吸引了 50 多个国家和地区的 1100 余位嘉宾和 1600 多家企业参与。在海洋经济、港口航运、文化旅游、海洋环保、人文教育等领域建立了交流合作机制,扩大了平台的国际影响力。

2021 年 3 月 11 日,第十三届全国人大四次会议表决通过了《关于国民经济和社会发展第十四个五年规划和 2035 年远景目标纲要》(简称《"十四五"规划纲要》)。《"十四五"规划纲要》的海洋专章提出坚持陆海统筹、人海和谐、合作共赢,协同推进海洋生态保护、海洋经济发展和海洋权益维护,加快建设海洋强国。"加强深海战略性资源和生物多样性调查评价。参与北极务实合作,建设'冰上丝绸之路'。提高参与南极保护和利用能力。"这为实施海洋强国战略指明了新的方向。

以只争朝夕的精神,步伐要加快,更要踏实前进。当下,我们必须不失时机,用各种方式方法,提高全民的海洋中国意识,加快培养大批海洋人才。必须全国、全党、全民齐心协力,加快步伐,脚踏实地,迎头赶上,坚定不移地推进海洋经济的发展。要着眼于大局,坚持陆海统筹,坚持走依海富国、以海强国、以海富民,人海和谐,环保健康,和平发展、合作共赢的道路,大力发展中国海洋经济,扎实推进海洋经济强国梦的实现。

第五章　南海　海南　南疆

天涯海角在何方？很多人都知道，它位于中国最南端的海南岛。然而，你只有到了海南岛，才知道这个祖国第二大岛有 35000 多平方公里之大，那两块刻着"天涯""海角"的巨石就在海南岛最南面的三亚市。但是，三亚实际上也不是中国的"天涯"，更不是神州大地的"海角"。

从三亚市再往南海的南沙群岛，再到曾母暗沙，才是中国领海也是国土的最南端，那里才真正是中国的"天涯海角"。而从三亚到南沙岛礁最近也超过 1000 公里，距最远的曾母暗沙则有 1600 公里。

南海，东面通过海峡或水道与太平洋相连，西面与印度洋互通，是一个东北—西南走向的半封闭海洋。南海版图中的"九段线"，即南海诸岛归属范围线，是中国对南海海域权益边界的标志。"九段线"线内区域为中国南海，即中国领海。

南海，在中国的四大领海中战略地位最突出，也是最受世界瞩目、目前纷争最多的海洋。

中国的南海，宽广无垠，宝岛横陈，碧波连天。古往今来，神圣疆土。

一、碧玉无价，纷争不可续

南海，是太平洋西部海域的一块碧玉；南海诸岛，是镶嵌在碧玉中的珍珠。

南海诸岛自古以来就是中国领土。中国人民最早发现了南海的这些岛屿。两千多年前，中国的先民就在南海捕鱼，并在这些岛屿上居住，而且中国历代政府也一直在南海行使行政管辖权，致力于管理经营、开发南海的这些岛屿。唐朝时南海诸岛划归琼州府管辖。到明朝时期，郑和率领庞大的船队多次巡视南海，一个重要目的就是彰显中国卫护领土领海的决心。自此，中国渔民更频繁地在南沙海域捕鱼，在这些岛屿上居住的人员

更多。到清朝、民国时期同样将南海诸岛正式划入中国版图。

中国对南海诸岛的主权，不但有充分的历史依据，而且还有充分的法理依据。

第一，中国在 1935 年时就对南海进行了划界，中国领海范围内各个岛屿自然是中国的领土。而东南亚诸国大多是在 1946 年以后才开始独立建国。这个道理很简单：你建国的时候有什么疆域就是什么疆域。不可能因为你建国了其他国家就按照你的想法重新划一次国界。从法理上来说，属于中国的南海诸岛的主权与现在的东南亚诸国并没有关系。

第二，日本"二战"战败后，中国政府收回南海诸岛，将其划归广东省管辖。到 20 世纪五六十年代，国际社会以及世界上主要的大国如美国、英国、法国、苏联等普遍承认：南海是中国管辖的海域，南海诸岛包括南沙群岛是中国的领土。越南、菲律宾、马来西亚、文莱等国也都对此给予承认。

1956 年，越南副外长在会见中国驻越南大使馆临时代办时明确指出，西沙、南沙群岛从古就属于中国，外交文件中有明确历史记载。直到 1974 年，越南公开出版的世界地图、领导人讲话、外交声明以及教科书中都明确把南海标为中国领土。越南教育出版社出版的地理教科书，在"中华人民共和国"这一课当中，明确写明西沙、南沙各岛屿是中国的领土。

问题出在美国的肆意胡搞。"二战"之后，美国无论是陆上还是海上的军事实力都是最强大的。为了自身利益以及称霸全球的需要，美国时常混淆黑白，颠倒是非，肆意侵犯别国主权，干涉别国内政。1951 年 9 月，美国把苏联、中国等对日战胜国排除在外，片面地和日本媾和，签订《旧金山和约》，条约第二条规定："日本放弃对南沙群岛及西沙群岛的一切权利。"问题在于该条约故意没有明确规定将南沙群岛"归还中国"。这一祸根成为后来一些国家对南海岛礁主权提出无理要求、侵占南海岛礁的借口。

1956 年 5 月，菲律宾宣称在"斯普拉特利群岛"（即南沙群岛）发现"无主地"，提出对部分岛礁的主权要求。1971 年菲方派兵占领南沙中业岛，至 1980 年，菲律宾先后侵占 8 个岛礁。越南政权于 1956 年派兵侵占南沙群岛的南威岛，1975 年将其所占的一系列岛屿定名为"长沙群岛"。

目前，越南在南沙群岛的 32 个主要岛屿上驻有军队，配有发电设备和雷达系统，其中 29 个岛屿还配备了卫星电视系统。马来西亚于 1977 年动手在弹丸岛礁上建立"主权碑"，1980 年后开始派兵侵占岛礁。印度尼西亚则是在 20 世纪 80 年代以后卷入南沙海域的划界争端。文莱也对一些岛礁提出领土要求。目前，南海的形势是，越南基本控制了南海西部海域，菲律宾基本控制了南沙东北部海域，马来西亚基本控制了南沙西南部海域。印度尼西亚和文莱两国虽没有直接占据南沙群岛岛礁，但印度尼西亚单方面宣布的专属经济区却深入中国传统海疆线 5 万平方公里；文莱则对中国南沙群岛的南通礁提出领土要求，企图划分中国 3 万平方公里的海域。这些国家通过建立 200 海里专属经济区和大陆架等制度，将其主张的海域范围覆盖了南海大部分海域且彼此重叠，同时也与中国主张的管辖海域范围形成重叠。因此，南海问题，不光是南海岛礁的主权和领土争端，还有着中国与南海周边国家海洋管辖区域的划分问题，纷争不断。而最主要是美国千方百计插手南海，恶意把水搞浑，使得南海的问题越来越复杂。

海洋霸权主义者挑起南海纷争，妄图破坏南海周边各国人民的和平生活，妨碍东南亚各国与中国发展友好合作关系。

1990 年，中国针对南海争端对外正式提出了"搁置争议，共同开发"的主张，期望通过和平谈判的方式、共同开发的方式，与东盟涉及南海争端的这些国家解决问题。2002 年，中国同东盟国家发表了《南海各方行为宣言》，表达了有关各方促进和深化中国与东盟战略伙伴关系，共同维护南海地区和平与稳定的意愿。

但是，这么多年来南海各方的争议并未"搁置"，"共同开发"很少进行，各方为了自己的利益而发生的矛盾和争执从未间断。近两年，由于新冠疫情在全球肆虐，第二波疫情又从印度扩散到东南亚各国，确诊和死亡人数不断快速增加。相关国家急切需要中国在医疗设备和疫苗方面的支持帮助。更主要的是，中国在中国共产党的领导下经济发展迅速、社会团结安定、国力越来越强大，所以南海诸岛主权争议有所缓和。但是，平静表面的背后，实质问题并没有解决，而且似乎不可能在短时间内解决。

至今为止，已经探明的南海矿藏资源十分丰富，尤其是作为新能源的

可燃冰资源。世界上已探明的可燃冰所含有机碳的总资源量相当于全球已探明煤、石油和天然气的 2 倍。全世界可燃冰专家曾在 5 个区域进行过 10 次试采，中国独自完成其中 3 次。全球已探明共有 116 处地方存在可燃冰，中国南海是主要的可燃冰埋藏地区，占了其中的大部分。据有关地质专家预估，中国南海可燃冰资源量相当于 650 亿吨石油，足够中国使用 130 年，一旦开采成功，再也无须担心任何国家对中国形成能源威胁。所以，南海资源的保护和开发，是关乎中国的海洋主权、国家的领土完整和安全的重要问题。

为了保障中国南海的权益，中央在海南的建设和发展方面采取了强力的措施。1988 年，海南建省。2012 年 6 月 21 日，国务院批准设立三沙市，为海南省第三个地级市，下辖西沙群岛、中沙群岛、南沙群岛的岛礁及其海域。2012 年 7 月 17 日上午，三沙市人民代表大会筹备组成立，标志着三沙市的政权组建正式启动，三沙市政府所在地是西沙永兴岛，面积 2 平方公里，是南海诸岛中面积最大的岛屿，也是三沙市军事、经济及文化中心。这标志着中国对南海诸岛及其领海建立政权并进行有效管辖。

2018 年 4 月 12 日，习近平总书记在海南考察时指出："南海是开展深海研发和试验的最佳天然场所，一定要把这个优势资源利用好，加强创新协作，加快打造深海研发基地，加快发展深海科技事业，推动我国海洋科技全面发展。"

接下来，解决南海海权纷争，中国的立法要跟上。要根据形势发展和国家先法要求，建立完整的对中国南海及其诸岛的管理制度和法律，选择适当时机对世界公布。为保证中国对南海领海及其诸岛的行政管理权力和法律效力的权威性，必须有强大的人民海军做后盾。

而解决南海问题，最关键、最重要的是中国综合国力的强大，即国内政治稳定，经济持续健康快速发展，科技创新能力和水平居于世界前列，拥有一支出色履行保家卫国重任的武装力量，外交政策正确、施行得当，在国际便威望日盛。

二、国际大通道，海上丝路重要枢纽

南海，不但蕴藏各种丰富资源，而且是国际大通道，是海上丝绸之路的重要枢纽，意义非凡。

南海，被西方人称为"亚洲地中海"。因为它在印度洋和太平洋之间，沟通两大洋，连接三大洲。

南海，是中国面积最大、资源最丰富、战略地位最重要的海域。南海的南沙群岛地理位置尤其重要，所有通过南海的空中和海上航线基本上都要经过南沙群岛。从传统安全的地缘政治视角看，控制了南沙群岛，等于直接或间接控制了从马六甲海峡到日本、从新加坡到香港、从粤港澳到马尼拉，甚至从东亚到西亚、非洲、欧洲的大多数海上通道。对亚洲人来说，它真正是与世界其他各大洲和各个国家商贸和政治文化交流的"国际大通道"。

中国与世界联通的海上丝绸之路有两条航线：一条是从黄海、东海至朝鲜、日本等地的航线；一条是从两广沿海出发，经南海到达东南亚各国，穿过印度洋到达中东、非洲。

"673年，中国僧人义净取道海路到达广州，他在广州确定了与航向南方的波斯船主的会面日期。40年后，印度僧人金刚智（Vajrabodhi）从印度南部的帕拉瓦王国乘船前往中国。在斯里兰卡（印度与中国之间航线上的第一个南亚港口）停留期间，他们的船加入了有30艘船的波斯船队，每艘船都满载着五六百人及大量货物（包括蓝宝石）。朝鲜僧人慧超也注意到波斯船员的商业目的。慧超如此描述来自波斯湾的商人：'土地人性受与易，常于西海泛舶入南海，向狮子国取诸宝物，所以彼国云出宝物，亦向昆仑国取金，亦泛舶汉地，直至广州，取绫绢丝绵之类。'"① 这一段描述足可说明：南海，自古以来就是海上丝绸之路的重要枢纽。1300多年前，即中国的唐朝初期，各国的僧人义净、金刚智、慧超等从印度南部

---

① ［美］林肯·佩恩：《海洋与文明》，陈建军、罗燚英译，天津人民出版社2017年版，第280页。

出发，经东南亚到达中国广州。还有庞大的波斯船队和众多的商人，来来往往，交易的货物有蓝宝石、黄金等宝物，有绫绢丝绵，等等。古时的南海真是四海通达、商贾云集。

中国海上丝绸之路的南海航线，自汉代起便是中国从海上通往西方的桥梁，是中国线路最长、连接国家最多、海域最复杂的航线，对于促进古代中国与沿线各国的贸易往来、文化交流及人员流动发挥了重要作用，为加强沿线国家间贸易往来和文化交流互鉴做出了不可磨灭的贡献。

在南海航线的开发和航行过程中，作为南海航线的重要的开辟者，中国人最早发现了南海航线上的南海诸岛，并伴随着航海技术的提高，人们对海洋水文、地理环境的认识也日益加深。中国人最早开始在南海诸岛上生产生活，中国政府也逐步加强了对南海诸岛的行政管辖。

中国南海，是中国的神圣领海和领土。而中国对这条"国际大通道"的正常航行，一直是开放的。统计数据表明：现在南海海域每年有4.1万艘以上船只通过，世界上有一半以上的商船队和超级油轮航经该海域。航经南海西南端马六甲海峡的油轮比航经苏伊士运河的多3倍，比航经巴拿马运河的多5倍。就连美国从亚太地区进口的各种重要原料有9成以上要经过该海域。日本运输石油的"海上生命线"也从这儿经过。印度也要通过南海走出印度洋，进入太平洋，与亚太地区有更多的经贸和文化交往。事实上，南海海域根本不存在某些别有用心之人所说的"自由航行"问题。

其实，最该关心、最值得关心南海问题包括南海航行自由、航行安全的是中国。南海航道是中国进入印度洋和大西洋的唯—海上通道，具有极其重要的战略地位。对中国来说，保持南海航道的畅通，保证南海的安全和稳定，就是维持中国的海权，就是保卫国家重要生命线的安全，同时也是在保证其他国家航行的安全。

因此，20世纪70年代和80年代，中国政府多次向国际社会申明对南海诸岛的主权和有关权益；同时，对周边一些国家侵占本国主权、掠夺本国资源的无理行径进行了有理、有利、有节的斗争。中国先后收复了西沙群岛，以及南沙群岛的部分岛礁，捍卫了国家主权。

1992年中国颁布《中华人民共和国领海及毗连区法》，宣布"中华人民共和国领海基线采用直线基线法划定，由相邻基点之间的直线连线组成"，并赋予解放军舰艇、飞机追踪外国舰船的权限，以便有效地在南海海域行使保卫中国主权的职责。

2016年7月12日，中华人民共和国政府发布《关于在南海的领土主权和海洋权益的声明》："（一）基于中国人民和中国政府的长期历史实践及历届中国政府的一贯立场，根据中国国内法以及包括《联合国海洋法公约》在内的国际法，中国在南海的领土主权和海洋权益包括：中国对南海诸岛，包括东沙群岛、西沙群岛、中沙群岛和南沙群岛拥有主权；（二）中国南海诸岛拥有内水、领海和毗连区；（三）中国南海诸岛拥有专属经济区和大陆架；（四）中国在南海拥有历史性权利。中国上述立场符合有关国际法和国际实践。"

一花独放不是春，百花齐放春满园。中国坚定不移奉行互利共赢的开放战略，既从世界汲取发展动力，也让中国发展的成果更好惠及世界。40多年来，中国改革开放取得了举世瞩目的成就，尤其是经济特区建设和发展取得骄人业绩，这些实践离不开世界各国的共同参与，也为各国创造了广阔的发展空间，分享了发展成果。中国政府历来态度明确：欢迎世界各国更多地参与中国经济特区的改革开放发展，构建共商、共建、共享、共赢新格局。

构建"人类命运共同体"是中国政府反复强调的关于人类社会的最重要理念。中国人民致力于实现中华民族伟大复兴的中国梦，追求的不仅是中国人民的福祉，也是各国人民共同的福祉。

所以，中国对南海不但是开放的，而且是包容的。1991年开始，中国政府提出在承认南海岛礁和周边海域主权归属中国的前提下，愿与南海周边国家共同开发南海资源的主张，即"搁置争议，共同开发"。

对待国际争端，中国政府一贯主张以和平方式谈判解决。根据这一主张，中国已同一些邻国通过双边协商和谈判，公正、合理、友好地解决了领土边界问题。这一立场同样适用于南海争端的复杂局面。曾经在南海主权问题上同中国有过激烈冲突，并且发起"南海仲裁"的菲律宾，中国政府也都秉持公正、友好的态度，与之友好协商，积极解决问题。近年来，中国—东盟战略伙伴关系保持健康快速发展，已经形成全方位、多层次、

宽领域的合作格局，双方贸易和投资均不断快速增长，双方高质量共建"一带一路"稳步推进。

2013年9月7日，中国国家主席习近平在哈萨克斯坦纳扎尔巴耶夫大学发表演讲，提出共同建设"丝绸之路经济带"。

2013年10月，在中国和东盟建立战略伙伴关系10周年之际，习近平主席访问东盟国家，又郑重提出建设"21世纪海上丝绸之路"。10月3日，习近平主席在印度尼西亚国会发表演讲时指出，中国和东盟国家山水相连、血脉相亲；又明确提出，中国和东盟关系正站在新的历史起点上，要着重从以下方面做出努力：

第一，坚持讲信修睦。人与人的交往在于言而有信，国与国相处讲究诚信为本。中国愿同东盟国家真诚相待、友好相处，不断巩固政治和战略互信。

第二，坚持合作共赢。"计利当计天下利。"中国愿在平等互利的基础上，扩大对东盟国家开放，使自身发展更好惠及东盟国家。东南亚地区自古以来就是"海上丝绸之路"的重要枢纽，中国愿同东盟国家加强海上合作，使用好中国政府设立的中国—东盟海上合作基金，发展好海洋合作伙伴关系，共同建设21世纪"海上丝绸之路"。

第三，坚持守望相助。中国和东盟国家唇齿相依，肩负着共同维护地区和平稳定的责任。历史上，中国和东盟国家人民在民族斗争中曾经并肩战斗、风雨同舟。近年来，从应对亚洲金融危机到应对国际金融危机，从抗击印度洋海啸到抗击中国汶川特大地震灾害，我们各国人民肩并着肩、手挽着手，形成了强大合力。对中国和一些东南亚国家在领土主权和海洋权益方面存在的分歧和争议，双方要始终坚持以和平方式，通过平等对话和友好协商妥善处理，维护双方关系和地区稳定大局。

第四，坚持心心相印。"合抱之木，生于毫末；九层之台，起于累土。"保持中国—东盟友谊之树长青，必须夯实双方关系的社会土壤。我们要促进青年、智库、议会、非政府组织、社会团体等的友好交流，为中国—东盟关系发展提供更多智力支撑，增进人民了解和友谊。中国愿向东盟派出更多志愿者，支持东盟国家文化、教育、卫生、医疗等领域事业发展。

第五，坚持开放包容。"海纳百川，有容乃大。"在漫长的历史进程中，中国和东盟国家人民创造了丰富多彩、享誉世界的辉煌文明。这里是充满多样性的区域，各种文明在相互影响中融合演进，为中国和东盟国家人民相互学习、相互借鉴、相互促进提供了重要文化基础。我们要积极借鉴其他地区的发展经验，欢迎域外国家为本地区发展稳定发挥建设性作用。同时，域外国家也应该尊重本地区的多样性，多做有利于本地区发展稳定的事情。中国—东盟命运共同体和东盟共同体、东亚共同体息息相关，应发挥各自优势，实现多元共生、包容共进，共同造福于本地区人民和世界各国人民。

习近平主席的讲话，对日后东盟与中国及日本等15国形成《区域全面经济伙伴关系协定》（RCEP）有着重要的历史性作用，对推进共同建设"21世纪海上丝绸之路"，具有重要历史意义。

共建"21世纪海上丝绸之路"是中国重要的发展战略，其顺应世界多极化、经济全球化、文化多样化、社会信息化的潮流，符合国际社会的根本利益，彰显人类社会共同理想和美好追求，是国际合作以及全球治理新模式的积极探索，将为世界和平发展增添新的正能量。

中国政府还一再表明：新发展格局不是封闭的国内循环，而是开放的国内国际双循环。要优化升级生产、分配、流通、消费体系，深化对内经济联系，增加经济纵深，增强畅通国内大循环和联通国内国际双循环的功能，加快推进规则标准等制度型开放，率先建设更高水平开放型经济新体制。要在内外贸、投融资、财政税务、金融创新、出入境等方面，探索更加灵活的政策体系、更加科学的管理体制，加强同"一带一路"沿线国家和地区开展多层次、多领域的务实合作。"越是开放越要重视安全，统筹好发展和安全两件大事，增强自身竞争能力、开放监管能力、风险防控能力。"

中国与东盟国家山水相连、唇齿相依。在双方共同努力下，中国与东盟国家经贸合作克服疫情影响，实现稳定增长。中国与东盟互为第一大贸易伙伴，充分展现了双方合作的坚实基础和发展潜力。

浩浩荡荡的南海，是海上丝绸之路的关键枢纽，是共建"一带一路"的重要舞台。多年来，中国从提倡共建海上丝绸之路，到积极同南海周边

的东盟国家协商谈判。2020 年 11 月 15 日，中国、日本、韩国、澳大利亚、新西兰和东盟十国正式签署了 RCEP，标志着当前世界上人口最多、经贸规模最大、最具发展潜力的自由贸易区正式启航，更是"一带一路"发展的大跨越。

三、大湾区、海南省，海洋强国的两大主力

粤港澳大湾区，现今是建设新时代中国特色社会主义现代化的先行区。海南自由贸易试验区则是中国唯一的省级自由贸易区。中央下决心给予政策、人力和财力上大力支持，鼓励它们敢闯敢试，使两个地区的物质文明建设和精神文明建设迅速发展。在中央建设海洋强国的重大战略部署之中，粤港澳大湾区和海南省必将成为两大主力军，发挥重要作用。

（一）珠江口和大湾区

南海漫长曲折的北岸东北段有一凹向北面的呈喇叭形湾区，就是中国三大河流之一珠江的出海口。

珠江流域，是一个由西江、北江、东江及珠江三角洲诸河汇聚而成的复合水系，发源于云贵高原乌蒙山系马雄山，流经云南、贵州、广西、广东、湖南、江西等省区和越南北部，支流众多、水道纷纭。珠江年径流量3300 多亿立方米，居全国江河水系的第二位，仅次于长江；全长 2320 公里，是华南地区最大水系，是中国境内第三长河流。经过千万年的冲洗和沉积，经历无数惊涛裂岸，承受多少大浪淘沙，珠江口两岸形成了近 6 万平方公里的富庶土地，养育了千百万勤劳勇敢的华夏子孙。

由于珠江口及其三角洲的特殊地理位置，在中国历史上，这里成为近代西方列强从海上侵略中国南方的突破口，又是中国人民反帝反封建斗争的重要战场、民主革命的发祥地。

这里曾多次惨遭西方侵略者的侵犯、破坏、劫掠。这里有文天祥"零丁洋里叹零丁"的零丁洋和千古名句"人生自古谁无死，留取丹心照汗青"，这里有林则徐禁烟、焚毁鸦片以警戒国人的虎门，这里有老百姓揭

竿痛击英国侵略者的三元里。

孙中山在这里点燃资产阶级民主革命的熊熊大火，播向五湖四海，最终推翻清王朝的统治。毛泽东在这里出席中国共产党第三次全国代表大会，成为党中央领导班子成员，推动中国共产党与孙中山领导的国民党合作，肯定、推广澎湃领导的海陆丰农民运动的经验，创办广州农民运动讲习所，为以后中国共产党形成农村包围城市的伟大战略思想做了实践和理论上的准备。

珠江三角洲内陆河网密布交错，河道、河口区径流与潮流相互作用，水文条件十分复杂。沿岸港湾密密麻麻，近海岛屿星罗棋布，更有香港、澳门两个海岛。

香港、澳门就像站立在珠江口东西两侧的两个石狮，虽然面积都不大——香港岛约 80 平方公里、澳门半岛约 30 平方公里，但是其地理位置却十分重要，是从南海进入珠江口，继而进入华南地区的战略要地。100 多年前，英国就对香港实行殖民式统治，葡萄牙就对澳门实行殖民式统治。新中国成立之后，中国出于打破帝国主义经济封锁、保留对外交流窗口的考虑，没有马上收回香港和澳门，殖民主义势力仍然盘踞在港澳。他们敌视社会主义新中国，时常做出各种不友好的小动作。尤其是英国海军的军舰，经常无视人民解放军的警告，在珠江口游弋挑衅，以致发生了"新中国海军第一战"。

1953 年 9 月 9 日，中南军区海军训练班成员乘 3–141 舰，自黄埔学校出发，经虎门、沙角开往内伶仃岛，进行航行实习训练。在内伶仃岛附近水域，3–141 舰发现一艘英国炮艇 HDML1323 越过分界线，进入中方管辖水域，并做出挑衅行为。在反复警告无效之后，我舰果断开炮并击中英舰。在战斗中，英军 6 死 5 伤，军舰严重损伤；中国海军无一伤亡。这场战斗被称作"新中国海军第一战"，中国海军大获全胜。随后，英国政府提出"严正交涉"，被中国外交部严厉驳回，坚决维护了新中国主权。

世事沉浮，日月如梭。20 世纪 90 年代，中国已经恢复对香港、澳门行使主权，让它们回归祖国怀抱，为国家的改革开放做出更大贡献。

（二）国家重大发展战略：建设发展粤港澳大湾区

现今，包含围绕珠江口的广东省9个市和香港、澳门的粤港澳大湾区已经是中国乃至世界经济最发达的大湾区之一。

2017年7月4日，在中央的支持下，国家发改委、广东省人民政府、香港特别行政区政府和澳门特别行政区政府经协商一致，签订《深化粤港澳合作 推进大湾区建设框架协议》，为全面贯彻"一国两制"方针，完善创新合作机制，建立互利共赢合作关系，共同推进粤港澳大湾区建设翻开历史新篇章。

2019年2月18日，中共中央、国务院印发了《粤港澳大湾区发展规划纲要》。这是指导粤港澳大湾区当前和今后一段时期合作发展的纲领性文件。

粤港澳大湾区有中国的两个一线大城市广州、深圳，有一个著名的经济特区珠海，有国际金融中心香港，有世界著名的旅游胜地澳门，有新兴工业城市东莞，有南粤文化名城佛山、中山、肇庆、惠州、江门。其土地面积5.6万平方公里，占全国的0.6%，常住人口7000万，占全国的4.9%。

这里是世界最典型的"一国两制"地区，一个湾区、两种社会制度。广东省的9个市实行社会主义制度。香港、澳门虽然回归祖国，而国家允许两地维持原有资本主义制度，五十年不变。根据中央的要求，大湾区必须在构建经济高质量发展的体制机制方面走在全国前列，发挥示范引领作用；要加快制度创新和先行先试，建设现代化经济体系，更好融入全球市场体系，建成世界新兴产业、先进制造业和现代服务业基地，建设世界级城市群；要深入实施创新驱动发展战略，深化粤港澳创新合作，构建开放型融合发展的区域协同创新共同体，集聚国际创新资源，优化创新制度和政策环境，着力提升科技成果转化能力，建设全球科技创新高地和新兴产业重要策源地；要构建具有国际竞争力的现代产业体系，深化供给侧结构性改革，瞄准国际先进标准提高产业发展水平，促进产业优势互补、紧密协作、联动发展，培育若干世界级产业集群；要打造国际一流湾区和世界级城市群，带动泛珠三角区域发展，为实现国家新时期建设发展战略服务；等等。真正是目标宏伟，前景光明远大。

粤港澳大湾区依靠什么达到规划中的宏伟目标？靠中国共产党的坚强领导，靠国家的强大行政能力，靠从祖先传承下来的中华民族优秀文化的融合力和引导力。塑造湾区人文精神，坚定文化自信，发挥粤港澳地域相近、文脉相亲的优势，彰显岭南文化独特文化魅力，引领人们树立共同的理想，团结同心，形成强大的建设发展大湾区合力，冲刺达到中央既定的宏伟战略目标。

自《深化粤港澳合作 推进大湾区建设框架协议》签署、正式启动以来，粤港澳三地加速融合、发展，已经取得明显成效。2020年年底，大湾区经济总量达11.5万亿元（广东9市经济总量近9万亿元人民币，香港约2.7万亿港元，澳门约1944亿澳门元），较2017年增加1.4万亿元，经济总量与意大利、加拿大、韩国不相上下，高于美国旧金山湾区。而到2021年，广东的国家级高新技术企业有5.3万家，较2017年增加近2万家；进入世界500强企业达21家，比2017年增加4家。2018年，世界十大港口中，有3个是位于粤港澳大湾区。

2020年10月14日，习近平总书记在深圳经济特区建立40周年庆祝大会的讲话指出："深圳是改革开放后党和人民一手缔造的崭新城市，是中国特色社会主义在一张白纸上的精彩演绎。深圳广大干部群众披荆斩棘、埋头苦干，用40年时间走过了国外一些国际化大都市上百年走完的历程。这是中国人民创造的世界发展史上的一个奇迹"；深圳要"积极作为深入推进粤港澳大湾区建设。粤港澳大湾区建设是国家重大发展战略，深圳是大湾区建设的重要引擎。要抓住粤港澳大湾区建设重大历史机遇，推动三地经济运行的规则衔接、机制对接，加快粤港澳大湾区城际铁路建设，促进人员、货物等各类要素高效便捷流动，提升市场一体化水平。要深化前海深港现代服务业合作区改革开放，规划建设好河套深港科技创新合作区，加快横琴粤澳深度合作区建设。要以大湾区综合性国家科学中心先行启动区建设为抓手，加强与港澳创新资源协同配合。要继续鼓励引导港澳台同胞和海外侨胞充分发挥投资兴业、双向开放的重要作用，在经济特区发展中作出新贡献。要充分运用粤港澳重大合作平台，吸引更多港澳

青少年来内地学习、就业、生活，促进粤港澳青少年广泛交往、全面交流、深度交融，增强对祖国的向心力"。

近年来，在中央的高度关注和领导下，粤港澳三地共同努力，进一步融合，"一小时经济圈"基本形成；正积极拓展粤港澳大湾区在教育、文化、旅游、社会保障等领域的合作，共同打造公共服务优质、宜居宜业宜游的优质生活圈。深圳正努力按照国家的总体要求建设中国特色社会主义现代文明的先行区、示范区，积极发挥粤港澳大湾区发展建设的龙头作用，积极建设全球海洋中心城市。粤港澳大湾区正在迅速发展成为世界最大规模的现代城市群体。

粤港澳正根据《粤港澳大湾区发展纲要》，大力发展海洋经济，坚持陆海统筹、科学开发，加强粤港澳合作，拓展蓝色经济空间，共同建设现代海洋产业基地。强化海洋观测、监测、预报和防灾减灾能力，提升海洋资源开发利用水平。优化海洋开发空间布局，与海洋功能区划、土地利用总体规划相衔接，科学统筹海岸带（含海岛地区）、近海海域、深海海域利用。构建现代海洋产业体系，优化提升海洋渔业、海洋交通运输、海洋船舶等传统优势产业，培育壮大海洋生物医药、海洋工程装备制造、海水综合利用等新兴产业，集中集约发展临海石化、能源等产业，加快发展港口物流、滨海旅游、海洋信息服务等海洋服务业，加强海洋科技创新平台建设，促进海洋科技创新和成果高效转化。香港发挥海洋经济基础领域创新研究优势，通过加强金融合作推进海洋经济发展，探索在境内外发行企业海洋开发债券，鼓励产业（股权）投资基金投资海洋综合开发企业和项目，依托香港高增值海运和金融服务的优势，发展海上保险、再保险及船舶金融等特色金融业。澳门进一步发展海上旅游、海洋科技、海洋生物等产业。

（三）中央对大湾区的支持与期望

2021年国庆节到来之前，中央又给粤港澳大湾区建设送上两个大礼包。9月5日、6日，中央接连公开发布两个重要文件，就支持横琴粤澳深度合作区发展、推动前海合作区全面深化改革开放做出重要部署。这无疑是粤港澳大湾区 7000 万人民的特大喜讯。这是中央着眼于新时代丰富"一国两制"实践所做出的重大部署，对于全面推进粤港澳大湾区建设，提升粤港澳合作水平，构建对外开放新格局，进一步拓展港澳发展空间，保持长期繁荣稳定，支持和推动香港、澳门更好地融入国家发展大局具有重大意义。

9 月 5 日，中共中央、国务院印发了《横琴粤澳深度合作区建设总体方案》，并发出通知，要求各地区各部门结合实际认真贯彻落实。中共中央、国务院在通知中指出："2009 年党中央、国务院决定开发横琴以来，在各方共同努力下，横琴经济社会发展取得显著成绩，基础设施逐步完善，制度创新深入推进，对外开放水平不断提高，地区生产总值和财政收入快速增长。同时，横琴实体经济发展还不充分，服务澳门特征还不够明显，与澳门一体化发展还有待加强，促进澳门产业多元发展任重道远"；要"立足新发展阶段，贯彻新发展理念，构建新发展格局，紧紧围绕促进澳门经济适度多元发展，坚持'一国两制'、依法办事，坚持解放思想、改革创新，坚持互利合作、开放包容，创新完善政策举措，丰富拓展合作内涵，以更加有力的开放举措统筹推进粤澳深度合作，大力发展促进澳门经济适度多元的新产业，加快建设便利澳门居民生活就业的新家园，着力构建与澳门一体化高水平开放的新体系，不断健全粤澳共商共建共管共享的新体制，支持澳门更好融入国家发展大局，为澳门'一国两制'实践行稳致远注入新动能"。《横琴粤澳深度合作区建设总体方案》中划定的合作区实施范围为横琴岛"一线"和"二线"之间的海关监管区域，总面积约 106 平方公里。其中，横琴与澳门特别行政区之间设为"一线"，横琴与中华人民共和国关境内其他地区之间设为"二线"。

9 月 6 日，中共中央、国务院印发《全面深化前海深港现代服务业合作区改革开放方案》，提出要前海合作区打造粤港澳大湾区全面深化改革创新试验平台，建设高水平对外开放门户枢纽。方案明确提出，进一步扩展前海合作区发展空间，前海合作区总面积由 14.92 平方公里扩展至 120.56 平方公里。方案指出，到 2035 年，高水平对外开放体制机制更加完善，营商环境达到世界一流水平，建立健全与港澳产业协同联动、市场互联互通、创新驱动支撑的发展模式，建成全球资源配置能力强、创新策源能力强、协同发展带动能力强的高质量发展引擎，改革创新经验得到广泛推广。根据方案，在打造全面深化改革创新试验平台方面，前海合作区将推进现代服务业创新发展，加快科技发展体制机制改革创新，打造国际一流营商环境，创新合作区治理模式；在建设高水平对外开放门户枢纽方面，前海合作区将深化与港澳服务贸易自由化，扩大金融业对外开放，提升法律事务对外开放水平，高水平参与国际合作。

开发建设前海合作区，是支持香港经济社会发展、提升粤港澳合作水平、构建对外开放新格局的重要举措，对推进粤港澳大湾区建设、支持深圳建设中国特色社会主义先行示范区、增强香港同胞对祖国的向心力具有重要意义。

从《深化粤港澳合作 推进大湾区建设框架协议》《粤港澳大湾区发展纲要》，以及习近平总书记在纪念深圳特区四十周年大会上的讲话，中央关于横琴和前海的两个重要文件，可以看出：中央对粤港澳大湾区建设发展是多么的重视。给深圳前海、珠海横琴扩区、扩容，赋予的权限和政策前所未有，就是希望粤港澳大湾区在中国新的改革开放上发挥更大作用，在深化粤港、粤澳合作上做得更好，使香港、澳门这两个特别行政区更稳定和繁荣。

"一国两制"曾经被看作粤港澳大湾区发展的突出难点。但实践证明，粤港澳大湾区发展是在"一个国家、两种制度、三个关税区、四个核心城市"背景下深化合作，既有体制叠加优势，又有人才、信息、经验叠加优势和人流、物流、资金流畅通的优势。在中央的大力支持下、粤港澳三地的共同努力下，粤港澳大湾区建设已经取得骄人成绩。

2022年4月19日，广东省政府新闻办举行发布会。广东省发展改革委（省大湾区办）主任郑人豪表示，2021年粤港澳大湾区经济总量约12.6万亿元，25家企业进入世界500强。"经过这些年的努力，粤港澳大湾区建设取得阶段性显著成效，国际一流湾区和世界级城市群建设迈出坚实步伐。"郑人豪介绍，2021年粤港澳大湾区经济总量比2017年增长约2.4万亿元；进入世界500强的企业比2017年增加8家；大湾区国际科技创新中心的影响力显著增强。粤港澳大湾区"十四五"时期共规划建设5

个重大的科技基础设施，数量居全国首位。"当前，粤港澳大湾区建设处在新的历史起点上，国家'十四五'规划纲要在强化国家战略科技力量、保持香港澳门长期繁荣稳定、促进区域协调发展等方面，赋予大湾区建设新的重大使命。"郑人豪表示，下一步，广东将全力以赴推动粤港澳大湾区和深圳先行示范区"双区"以及横琴、前海两个合作区建设，携手香港、澳门加快建设国际一流湾区和世界级城市群。①

未来的粤港澳大湾区必定能按照中央的部署和要求，对标国际一流湾区标准，积极打造成比肩纽约、旧金山、东京的国际一流湾区，成为新时代中国特色社会主义强大的新亮点、新标杆，为守卫南疆、保护南海提供强力的支持，为建设海洋强国做出重要贡献。

（四）从琼州到海南省

海南，古时叫琼州。

相传，在 250 万年以前，海南岛和雷州半岛还连在一起，在地质构造上属华夏地块的延伸部分。大约到了更新世（距今 250 万—1.5 万年前）中期，由于火山活动，雷州半岛和海南岛之间发生了断陷，出现了一个很宽的海峡，才使海南岛与大陆分开。以后海平面的多次升降又使海南岛与大陆多次分离和相连，到第四纪冰期结束，海平面大幅度上升，才形成琼州海峡和海南岛现在的形态。

为什么叫海南？有人猜测，因为很早的时候，中华大地上还没有人能到达现在中国最南端的曾母暗沙，而看到大海最南面的一个很大的岛屿，就称它为"海南岛"，简称"海南"。

海南岛岛屿轮廓形似一个椭圆形大雪梨，地势四周低平，中间高耸，呈穹隆山地形，以五指山、鹦哥岭为隆起核心，向外围逐级下降，由山地、丘陵、台地、平原等地貌构成。海南属热带海洋性季风气候，全年暖热，雨量充沛，十分适宜热带植物生长。

---

① 《广东：粤港澳大湾区建设取得阶段性显著成效》，人民网，2022 年 4 月 19 日，gd. people. com. cn/n2/2022/0419/c123932 - 35229961. html。

为什么叫"琼州"？这可是有史可考的。据清代地理学家顾祖禹的《读史方舆纪要》记载："府南十里有琼山，土石多白，似玉而润，县以此名。"就是说，因其境内有一座白石头山，"似玉而润"，而县名就取为"琼山"。到了唐贞观元年（627年），朝廷废除旧制，建立新县，便正式取名为琼山县。贞观五年（632年），始置琼州府，辖境为海南岛北部。元改置琼州路，明清时设琼州府、琼崖道，隶属于广东省，辖境扩大至整个海南岛。所以，海南岛又有个雅号叫"琼州"，还有的称"琼崖""琼岛"。

历史上，琼州曾被视为"蛮荒之地"，汉朝曾派兵征服岛上的土著居民，但并不重视岛上的开发、管理。唐宋之后，朝廷把琼州作为贬谪官员的流放地。在北宋时期，流放到琼州的官员如苏轼等，对当地的文化教育发展起到一定积极作用，苏轼还根据其在大陆的经验指导当地农民改良耕作技术。但历朝历代从来没有重视海南的基础设施建设，致使海南岛无论是岛内的交通，还是与岛外的交通都十分落后，加上本身农业生产一直落后，当地老百姓的生活一直非常艰苦。

1950年5月1日，海南岛解放。1951年设立海南行政公署，仍隶属于广东省人民政府。解放之初，海南岛上一切百废待兴。解放前，海南大多数农田都是"望天田"，农业十分落后，谈不上有一定规模的林业、橡胶业。

海南出名的工业就是昌江黎族自治县的石碌铁矿，是中国最重要的铁矿生产基地之一，其品位居全国第一，平均为51.2%，最高达69%，曾被誉为"亚洲最富铁矿"。"二战"时日本侵略者霸占海南，其重要目标就是石碌铁矿。20世纪40年代初，日军为了把昌江县石碌铁矿和三亚田独铁矿的矿产运回日本，不仅修建了东方八所港和三亚安游港，而且还修建了石碌—八所、石碌—安游等铁路，大肆掠夺海南的宝贵资源。

海南解放以后，人民政府一方面大力恢复农业生产，兴修水利，推行农村农业合作化，提高农业产量，改善老百姓生活；另一方面积极恢复石碌铁矿开采、建设等工业生产，既增加了就业岗位，增加了地方财政收入，又利用石碌铁矿的高品位矿产支持国家的钢铁生产。

可是，因为海南岛的经济基础实在太差，当地的民众无论是汉族还是黎族或其他少数民族，大多数文化水平不高，社会文明程度难以很快提高，经济发展十分有限。农业作为海南最主要的经济来源，发展同样缓慢。20世纪50年代末，海南的农业还是靠天吃饭，全岛逾六成水田未能解决水利问题，其中相当部分甚至完全没有水利设施。作为海南农业支柱产业之一的橡胶种植业，自然也饱受缺水灌溉之苦，未能有大的发展。

1958年全国工农业"大跃进"对海南的交通和水利建设产生很大的作用和影响。这个时期，海南修建了特大型松涛水库，解决了人们饮用水和农田灌溉问题，还修了很多公路。中央和广东省政府也逐年加大对海南社会经济建设的支持力度：从大陆人多地少的地方移民到海南开荒耕种，把广州黄埔的广东省国营南海水产公司连同机器设备和3000多职工搬迁到海南洋浦港湾的白马井，解放军的几千转业人员在儋县（今儋州市）开建"八一农场"，国家有关部门勘探和建设屯昌县羊角岭水晶矿（701矿）、煤矿开采企业，东方县的八所港得到进一步扩建。加上为满足国防建设需要，人民海军的军港、军用机场建设项目也陆续上马。1967年10万知识青年下海南，建起了军垦农场。1968年一批外地大学毕业生被分配到海南各个厂矿、农场从事劳动锻炼、"接受再教育"……海南的人口多了，人员素质提高了，人气旺了，工农业经济也跃上新的台阶。

1987年，海南行政区的社会总产值85亿元，比上年增长12.6%；工农业总产值45.62亿元，比上年增长13.8%，其中工业总产值19.24亿元，比上年增长24.2%。1988年4月13日，第七届全国人民代表大会第一次会议通过了《关于设立海南省的决定》和《关于建立海南经济特区的决议》。4月26日，海南省人民政府正式挂牌成立；同时，中央将海南划定为经济特区，赋予其一系列特殊政策权限，海南成为中国第五个经济特区。这是中国最年轻、陆地面积最小的省份，又是中国面积最大的经济特区。

改革开放的春风，从长城内外吹过长江、飞越琼州海峡。开发海南、建设海南的热流，在中华大地翻滚。五湖四海的各路建设大军像潮水般涌向海南岛。

2009年12月，国务院颁布《关于推进海南国际旅游岛建设发展的若干意见》，提出把海南建成中国旅游业改革创新的实验区、世界一流的海岛休闲度假旅游目的地、中国生态文明示范区、国际经济合作和文化交流的重要平台、南海资源开发和服务基地以及国家热带现代农业基地。

2012年，海南省辖下的地级三沙市宣布成立。三沙市辖西沙群岛、

中沙群岛、南沙群岛的岛礁及其海域，市政府驻地位于西沙永兴岛。三沙市是中国位置最南、总面积最大（含海域面积）、陆地面积最小和人口最少的地级市。三沙市的成立，是中央在经略南海方面做出的具有重要战略意义的决定，表明中国捍卫南海神圣领土的决心，给了某些觊觎中国南海诸岛主权者当头一棒。

从 1988 年建省开始，短短十几年，海南省的开发建设频频传出新的捷报。交通建设日新月异，全省已建成环线高速公路和"三横四纵"骨干公路网，形成"3 小时交通圈"。海口美兰国际机场和三亚凤凰国际机场已双双跻身国内大型客运机场行列。总投资 11.27 亿元的琼海博鳌机场于 2016 年 3 月 17 日正式投入使用。海南东环高铁已于 2010 年年底建成并投入使用。西环高铁已于 2012 年开工建设，2015 年年底投入使用。进入 21 世纪，海南已形成三大产业基础和支撑：以旅游业为龙头的现代服务业、以石化产业为支柱的新型工业、以热带瓜果蔬菜为主打产品的热带特色现代高效农业。海南省在南海资源开发和服务基地建设方面正在发挥重要作用。

（五）大格局、新亮点：海南自由贸易港

党的改革开放政策给海南岛带来了蓬勃生机。从 20 世纪 80 年代开始，海南的面貌发生了翻天覆地的变化，南海宝岛的面貌焕然一新。从海南岛到海南省、海南自由贸易港，其在中国特色社会主义现代化建设中的地位越来越重要。

在国家的南海大格局中，建设发展粤港澳大湾区和海南建设自由贸易港，是紧密联系的重要战略部署。粤港澳大湾区、海南自由贸易港，更是建设海洋强国的两大主力军。

2018 年 4 月 13 日下午，习近平总书记在海南建省办经济特区 30 周年庆祝大会上郑重宣布，党中央决定支持海南全岛建设自由贸易试验区，支持海南逐步探索、稳步推进中国特色自由贸易港建设，分步骤、分阶段建立自由贸易港政策和制度体系。

2020 年 6 月 1 日，中共中央、国务院印发了《建设海南自由贸易港总体方案》，要求全国各地区和中央各部门结合实际认真贯彻落实。

2020 年 6 月 3 日，海南自由贸易港 11 个重点园区同时挂牌。这 11 个重点园区作为推动海南自由贸易港建设的样板区和试验区，在实践中利用制度创新优势，率先实施相关政策和进行压力测试，推动海南自由贸易港建设加快发展、创新发展。

2021 年 6 月 10 日，第十三届全国人大常委会第二十九次会议当日下午表决通过《中华人民共和国海南自由贸易港法》，自公布之日起施行。该法明确，国家在海南岛全岛设立海南自由贸易港，分步骤、分阶段建立自由贸易港政策和制度体系，实现贸易、投资、跨境资金流动，人员进出、运输往来自由便利和数据安全有序流动。

按照中央的部署，海南省正在努力成为中国新时代全面深化改革开放的新标杆，建设自由贸易试验区和中国特色自由贸易港，着力打造成为中国全面深化改革开放试验区、国家生态文明试验区、国际旅游消费中心、国家重大战略服务保障区，更好地完成祖国交付的守护南疆、保卫国家在南海的核心利益的光荣任务。

海南自由贸易港的建设不仅将增强海南的活力，给海南带来新的发展机遇，也将为粤港澳大湾区的发展开拓新的广阔空间。粤港澳大湾区和海南的发展，必定会互相影响、互相支持、互相促进，在建设海洋强国征战中发挥主力军的作用。

2021 年 6 月 8 日，海南省新闻办公室在海口市召开《海南省海洋经济发展"十四五"规划》新闻发布会。该规划提出，到 2025 年，海南省海洋经济规模大幅提升，海洋生产总值达 3000 亿元，海洋科技创新能力显著增强，现代海洋产业体系初步构建，海洋生态文明建设水平不断提高，海洋合作网络不断扩大。

在优化蓝色经济空间布局方面，要坚持陆海统筹，实现空间布局与发展功能相统一、资源开发与环境保护相协调、全省统筹与市县差异化发展相衔接，构建"南北互动、两翼崛起、深海拓展、岛礁保护"的蓝色经济空间布局。

在构建现代海洋产业体系方面，要用足用好自由贸易港政策，吸引资本和创新要素向海洋产业集聚，优化升级海洋传统产业，培育壮大海洋新兴产业，促进海洋产业集群化发展，构建结构合理、相互协同、竞争力较

强的现代海洋产业体系。

在增强海洋科技创新能力方面，要聚焦深海科技，以搭建海洋科技创新平台为重点，汇聚全球海洋创新要素，强化海洋重大关键技术创新，促进海洋科技成果转化，建立开放协同高效的现代海洋科技创新体系，着力打造深海科技创新中心，增强海洋科技创新驱动力。一是强化企业创新主体作用，二是完善海洋科技创新平台体系，三是提升海洋科技成果转化成效，四是推进海洋领域专业人才集聚。

在推进海洋经济绿色发展方面，要统筹海陆生态环境保护与治理，探索海洋经济绿色发展新模式，集约高效利用海洋资源，严守海洋生态保护红线，维护海洋生态安全，打造国家海洋生态文明示范区。一是加强海洋资源保护和集约利用，二是完善海洋生态环境保护与治理，三是推进海洋产业绿色发展。

在加强海洋经济开放合作方面，以加强与东南亚国家交流合作、密切与北部湾经济合作、促进与粤港澳大湾区联动发展、深度融入国际陆海新通道为重点，不断扩大海洋经济合作网络，推动海南海洋经济深度融入国内国际双循环。一是加强北部湾区域海洋经济合作，二是推进与粤港澳大湾区海洋产业对接，三是服务构建蓝色伙伴关系，四是强化区域合作的基础设施保障。

"十四五"期间，海南将围绕构建"一中心、三天堂、一高地"的旅游发展目标，通过供给侧、需求侧、加快全域旅游发展3个方面，谋划海南省旅游发展核心吸引力、旅游宣传营销方案、明确全域旅游发展模式等核心路径，支撑海南省打造国际旅游消费中心、国际知名度假天堂、康养天堂、购物天堂和会展高地。

海南将升级滨海度假产品质量。在三亚等地培育、引进高品质国际滨海度假旅游项目，举办海洋旅游国际论坛，打造大型海洋主题文旅综合体。积极推进近海休闲旅游，探索发展远海观光旅游。推广远洋海岛观光游，开发海底观景、南海俯瞰、海岛光影等亮点产品，培育远洋海岛旅游品牌。大力发展邮轮游艇旅游。加强邮轮游艇设施建设，加快三亚向国际邮轮母港发展，指导海口、儋州邮轮码头建设和前期工作有序开展。完善三亚邮轮母港和邮轮码头的商业服务配套，增设公共游艇码头，形成功能齐全、结构合理的游艇码头基础设施网络。壮大邮轮游艇服务主体。落实在三亚等邮轮港口开展海上游航线试点。推动落实在邮轮港码头开设免税店。打造帆船运动休闲旅游、游艇海钓游、高端游艇派对、航海夏令营等相关旅游业态。

海南在交通建设上以环岛铁路为骨干、环岛公路为基础、水上环线为补充，以"南北东西、两干两支"机场布局为依托。如今，海南正加快打造"城际高铁1.5小时通达圈""城际高速2小时通达圈""民航4小时8小时飞行经济圈"，构建起海陆空齐头并进的现代综合交通道路运输体系。

《海南自由贸易港建设总体方案》发布以来，海南省和有关部门认真贯彻党中央、国务院决策部署，解放思想、大胆探索，高质量高标准推动各项工作，加快构建政策制度体系，大力培育重点产业，持续改善营商环境，坚守不发生系统性风险底线，实现了海南自由贸易港建设良好开局。据统计，至2021年7月，海南新增企业约21.47万户，增长61.42%。2021年上半年，海南GDP同比增长17.5%，两年平均增速位列全国第二；实际使用外资同比增长623.61%，增速位列全国第一；货物和服务贸易总额分别同比增长46.1%和81.2%。①

2022年4月10—13日，中共中央总书记、国家主席、中央军委主席习近平在海南考察，先后来到三亚、五指山、儋州等地，深入科研单位、国家公园、黎族村寨、港口码头等进行调研。习近平强调，要坚决贯彻党中央决策部署，坚持稳中求进工作总基调，完整、准确、全面贯彻新发展理念，全面深化改革开放，坚持创新驱动发展，统筹疫情防控和经济社会发展，统筹发展和安全，解放思想、开拓创新，团结奋斗、攻坚克难，加快建设具有世界影响力的中国特色自由贸易港，让海南成为新时代中国改革开放的示范，以实际行动迎接党的二十大胜利召开。②

习近平总书记这次到海南考察，发表重要讲话，对海南的建设和发展，将起到重要的推动作用。一个中央既定的特别发展规划、发展目标的崭新的

---

① 《海南自贸港建设政策落实落细 各类市场主体和要素资源加速集聚》，《人民日报》，2021年9月13日第1版。

② 《习近平在海南考察时强调解放思想开拓创新团结奋斗攻坚克难 加快建设具有世界影响力的中国特色自由贸易港》，《人民日报》，2022年4月14日第1版。

海南，将呈现在我们的面前。我们已经看到一个海洋经济越来越强大的海南，一个为建设海洋强国、为中华民族伟大复兴而冲锋在前的新海南。

（六）海南强，则南海强

在中国的渤、黄、东、南四海中，南海最大，周围地理环境和历史环境最复杂，自然资源最丰富，地理位置最险要。21世纪以来，南海上经济的、政治的和军事的斗争也最为激烈。

海南岛是中国的第二大岛，像为祖国镇守在南海的巨人门将。

南海及其岛礁是中国的神圣领土，关系着中国的核心利益，关系着南海周边地区的安全和稳定，关系整个国家的安全与发展。

海南、南海，紧密联系，不可分割。海南强，则南海强。南海强，国家更强。

南海最北面沿岸是中国对外开放和经济发展的重要区域，尤其是粤港澳大湾区是中国建设新时代社会主义现代化的先行区、示范区。

建设海洋强国，当前最重要的是守护好中国南海的万里海疆，保护南海的自然环境，开发利用好南海的丰富资源，建设发展中国南海沿岸地区，开发建设好海南岛及南海诸岛。

南海海域的海底资源十分丰富，尤其是海底石油和天然气储量巨大。据统计，南海海域有含油气构造200多个、油气田约180个，储量在230亿～300亿吨，相当于全球储量的12%，约占中国石油总储量的1/3。仅曾母盆地、沙巴盆地和万安盆地的石油总储量就有200亿吨。南海海底还蕴藏了各种金属矿产资源。开发利用好南海资源，对中国有十分重要的战略意义。

2006年7月13日，国土资源部宣布，中国海域油气勘探取得重要进展：全国油气资源战略选区"南海北部陆坡深水海域油气资源战略调查及评价"项目，在中国南海珠江口盆地实施的LW3－1－1井获得天然气重大发现，初步估算天然气资源储量超过1000亿立方米，有望成为中国海域最大的天然气发现。2012年12月28日，中国海洋石油有限公司宣布，位于南海珠江口盆地的两个油田项目正式投产：番禺4－2/5－1油田平均水深约为 100 米,另一油田项目流花 4-1 油田平均水深约 268 米。中海油结合该油田特点,采用新建水下生产系统,同时依托周边已有设施进行开发。两个油田开发之后,都于 2013 年、2014 年达到高峰产量,生产运作状况良好。

2021 年 6 月 25 日,"深海一号"在海南岛东南陵水海域正式投产,标志着中国深海油气开发水下施工作业迈入 1500 米"超深水"时代。"深海一号"在建造阶段实现 3 项世界级创新,疲劳寿命按 150 年设计,可抵御百年一遇的超强台风。平台搭载近 200 套关键油气处理设备,全球首创半潜平台立柱储油,最大储油量近 2 万立方米,实现了凝析油生产、存储和外输一体化功能。"深海一号"首次采用聚酯缆进行浮式平台永久系泊。相对锚链或钢缆,聚酯缆抗疲劳性能更强,自重轻,可减少对平台排水量的需求,系泊半径小,单位长度下成本优势明显。在控制室的正前方就是生产流程控制区,投产后,天然气的日常生产运行流程的各项参数都会实时呈现在这里,而各项生产指令也是从这里下达。从海底抽上来的天然气,就是在这里控制分离、干燥、脱烃等流程处理成纯净天然气。成品天然气生产出来后,在这里发出指令,启动增压设备,把天然气成品从输送管道中加压,产生推力,像吹气一样,把纯净的天然气输送回陆地上城市中的千家万户。

到 2021 年 11 月 25 日,南海东部油田油气年产量突破 2000 万立方米油当量,创历史最高纪录,稳居中国第二大海上能源生产基地,为保障国家能源安全和粤港澳大湾区经济社会发展提供了坚实的保障。经过 31 年开发生产,南海东部油田从对外合作为主,发展到合作与自营并举,再到今天实现自营为主,建成 6 大原油产区和 1 个天然气产区,在产油气田增加到 45 个。到 2021 年已累计生产油气超 3.82 亿立方米油当量。自荔湾 3-1 气田于 2014 年 4 月投产以来,9 个气田滚动开发,年外输气量超过 60 亿立方米,占粤港澳大湾区天然气总消费量的近 1/3。2021 年 8 月,中国首个自营深水油田群流花 16-22 油田群全面建成投产,当年已累计生产原油超过 400 万立方米,成为中国南海产量最高的油田群。①

---

① 《我国首个自营深水油田群投产 可满足 400 多万辆私家车一年的汽油消耗,堪称"海上油气超级工厂"》,《南方日报》2021 年 9 月 21 日第 A01 版。

2022 年 4 月 10 日下午，习近平总书记在海南省三亚市考察中国海洋大学三亚海洋研究院时，研究院副院长赵玮向习近平总书记介绍了自主研发的海洋观测装备，以及构建的海洋立体观测网，得到习近平总书记的肯定和赞赏。

事后，人民网记者周晶就"如何观测海洋，观测海洋的'黑科技'有什么特色，观测网又是如何准确捕捉和获取信息的"等问题，采访了赵玮，赵玮回答道："我所做的工作就是要搞清楚海水的各种运动方式以及产生运动的原因，并跟进研究数据，预测近期或相对远一点的将来海水如何运动。"

"潜标是开展海洋动力过程长期连续观测最有效的技术手段。"在赵玮看来，认知、探索深海首先需要观测"利器"来获取海洋信息，这样才能开展研究、开发和保护。"我们自主研发的潜标整体位于水下，不容易受到人为或自然破坏，安全性高，可以长期获取从海表到海底整个剖面的数据。目前潜标连续工作的最长时间达到 3 年 4 个月 18 天，这不仅是国内之最，而且在国际上也是领先的。此外，最长的潜标高达 1 万米，已经用于马里亚纳海沟，开展从海表到海底的长期连续观测。"

"我们所有工作都是围绕建设海洋强国对于海洋信息的需求开展的。"赵玮介绍，除了自主研发的深海潜标等海洋观测装备外，还融合了其他海基观测装备，以及空基的无人机、天基的遥感卫星、陆基的雷达等观测装备，在南海构建了国际上规模最大的"空—天—地—海"一体化区域海洋观测系统——南海立体观测网。

基于这些数据，中国海洋大学三亚海洋研究院还牵头建设了南海海洋大数据中心。赵玮解释，大数据中心以南海立体观测网获取的海洋长期连续观测数据为主体，同时融合了其他科研机构在南海的观测数据，将海基、天基、岸基等不同类型的观测数据交叉融合，优势互补，集成开发海洋动力环境、生态环境等系列数据产品，服务于国家海洋安全、资源开发、生态环境保护、海洋经济、防灾减灾、科学研究等方面，支撑中国海洋强国和海南自由贸易港建设。①

---

① 《探索深海离不开这些"利器"》，人民网，2022 年 4 月 16 日，http://www.people.com.cn/n1/2022/0416/c32306 - 32400679.html。

中国在南海观测海洋的"黑科技"的使用，以及对南海油气资源的积极开发，必然会引起某些国家的眼红，进行各种明的暗的干扰、破坏，在南海兴风作浪。这就需要国家在外交上、军事上做强大后盾。而海南省就是保卫中国南海权益的最前沿阵地、最坚强堡垒。海南强，则南海强。

海南省管辖的水陆总面积比中国任何一个省级行政区都要大，其陆地面积接近粤港澳大湾区的陆地面积（5.6万平方公里）。而2021年海南省的地区生产总值为6475亿元，只相当于粤港澳大湾区（12.6万亿元）的5%。这一方面说明海南省有很大发展潜力，另一方面也说明海南在科技、人才、开拓创新精神等生产力要素还相当缺乏和落后，还需要认真向深圳、珠海特区和大湾区其他城市学习。尤其是在用好中央给予的特殊对外开放政策、建设自由贸易港方面，海南更要努力吸取大湾区的香港、澳门特别行政区的宝贵经验，尽快做好、做强，不辜负中央和全国人民的期望。同时，海南省相对独立的地理位置更加有利于中央在这里实施更特殊、灵活的开放政策。这些特殊的开放政策的实践，对于粤港澳大湾区建设中的探索，又未尝不是有益的经验。

粤港澳大湾区、海南省在互相学习和竞赛中，共同进步，共同发展，向前、向前！它们将是建设海洋强国的两大主力，也像是中华民族伟大复兴当空劲舞的一对骄世彩练。

结　语

旌旗猎猎，号角震天。

登高望远，在世界新一轮大发展、大变革、大调整之中，中华民族复兴的曙光正在显现。

有无相生，难易相成。中国特色社会主义建设和中华民族伟大复兴，也正在经历前所未有的困难和曲折。

"中华民族伟大复兴绝不是轻轻松松、敲锣打鼓就能实现的。苦难铸就辉煌。没有一个国家、民族的现代化是顺顺当当实现的。"①

今天，中国已经厉兵秣马，义无反顾地向海洋进军，建设海洋强国。

"中国经济韧性强、潜力足、回旋余地广、长期向好的基本面不会改变，将为世界经济企稳复苏提供强大动能，为各国提供更广阔的市场机会。中国将全面贯彻新发展理念，加快构建新发展格局，着力推动高质量发展。不论世界发生什么样的变化，中国改革开放的信心和意志都不会动摇。中国将始终不渝坚持走和平发展道路，始终做世界和平的建设者、全球发展的贡献者、国际秩序的维护者。"

"日日行，不怕千万里；常常做，不怕千万事。只要我们携手同心、行而不辍，就一定能汇聚起合作共赢的伟力，战胜前进道路上的各种挑战，迎来人类更加光明美好的未来。"②

让我们为建设海洋强国，为中华民族的伟大复兴，齐声呐喊，振臂高呼！

---

① 《人民的信心和支持就是我们国家奋进的力量——习近平总书记擘画"十四五"发展综述》，《人民日报》2021年3月3日第2版。
② 习近平：《携手迎接挑战，合作开创未来——在博鳌亚洲论坛2022年年会开幕式上的主旨演讲》，《人民日报》2022年4月22日第2版。

参考文献

［1］德勃雷诺. 海外华人［M］. 赵喜鹏, 译. 北京：新华出版社, 1982.

［2］恩道尔. 目标中国：华盛顿的"屠龙"战略［M］. 戴健, 等, 译. 北京：中国民主法制出版社, 2013.

［3］格劳修斯. 海洋自由论［M］. 宁川, 译. 上海：上海三联书店, 2005.

［4］巩建华, 李林杰, 等. 中国海洋政治战略概论［M］. 北京：海洋出版社, 2015.

［5］顾涧清, 吴国庆, 等. 海上丝路经典城市互联互通概览［M］. 广州：广东人民出版社, 2020.

［6］何新. 何新世界史新论［M］. 北京：现代出版社, 2020.

［7］科斯特洛. 太平洋战争［M］. 王伟, 夏海涛, 译. 北京：东方出版社, 1985.

［8］克罗夫顿, 布雷克. 简明大历史［M］. 丁超, 译. 香港：城邦（香港）出版集团有限公司, 2018.

［9］肯尼迪. 大国的兴衰［M］. 陈景彪, 等, 译. 北京：国际文化出版公司, 2006.

［10］刘勤, 周静. 以海为生：社会学的探析［M］. 北京：海洋出版社, 2015.

［11］马汉. 大国海权［M］. 熊显华, 编译. 南昌：江西人民出版社, 2011.

［12］马克思. 资本论. 第一卷［M］. 节选本. 北京：中共中央党校出版社, 1983.

［13］墨菲. 亚洲史［M］. 黄磷, 译. 海口：海南出版社, 2004.

［14］佩恩. 海洋与文明［M］. 陈建军, 罗燚英, 译. 天津：天津人民出版社, 2017.

［15］田星星. 海洋强国评价指标体系构建及世界主要海洋强国综合实力

对比研究［D］. 上海：华东师范大学，2014.

［16］吴松营. 邓小平南方谈话真情实录［M］. 北京：人民出版社，2012.

［17］武鹏程. 海洋与文明：威尼斯［M］. 北京：海洋出版社，2021.

［18］习近平. 习近平谈治国理政：第三卷［M］. 北京：外文出版社，2020.

［19］熊显华. 海权简史：海权枢纽与大国兴衰［M］. 北京：台海出版社，2018.

［20］尤芳湖. 海论［M］. 北京：海洋出版社，2000.

［21］张培忠. 海权战略：郑芝龙、郑成功海商集团纪事［M］. 广州：花城出版社，2013.

［22］张耀光，刘锴，王圣云，等. 中国和美国海洋经济与海洋产业结构特征对比：基于海洋 GDP 中国超过美国的实证分析［J］. 地理科学，2016（3）：1614 – 1621.

［23］中共中央马克思恩格斯列宁斯大林著作编译局. 列宁选集［M］. 北京：人民出版社，1960.

［24］中共中央马克思恩格斯列宁斯大林著作编译局. 马克思恩格斯选集［M］. 北京：人民出版社，1972.

［25］中共中央文献研究室. 毛泽东文集［M］. 北京：人民出版社，1999.

后　记

　　我的老家在广东汕头澄海，我生长在离出海口不远的韩江边，又是从海洋大学毕业，工作过的海南岛白马井、湛江、深圳，也都在海边，因此，我对大海一直有一种不解的情缘。

　　恰逢党的十八大提出建设海洋强国的号召。党的十九大以来，以习近平同志为核心的党中央对建设海洋强国的战略部署继续步步推进，力度越来越大。这更激起了我对海洋的向往和对建设海洋强国的一份责任感，因此鼓起写作本书的勇气。这是我 2005 年退休后完成的第八本著作。

　　本书创作两年多来，得到深圳报业集团、广东省人民政府文史研究馆的老同事、老朋友朱崇山、关飞、田丰、杨兴锋、郑楚宣、胡志明、耿伟、王旭文等的支持帮助。他们对本书的写作、修改，提出了许多宝贵意见。广东省人民政府文史研究馆处领导和主管干部对本书的出版也十分关心和支持，尤其是文史处的赵芝兰副处长和中山大学出版社编辑吕肖剑等，为本书的出版做了许多工作，对此，谨表示衷心感谢！

　　由于我走出海大校门的五十多年来，基本改行从事党的宣传文化和新闻出版工作，近几年才重新开始对海洋的研究，也致使本书无论在政治思想、历史文化还是海洋科学方面，在论述中都难免有疏漏，敬请读者批评指正。

吴松营

2022 年 7 月